U0271771

山东省大气环境质量时空分异及预报预警

王林林　著

中国海洋大学出版社

·青岛·

图书在版编目（CIP）数据

山东省大气环境质量时空分异及预报预警／王林林著．—青岛：中国海洋大学出版社，2018.6

ISBN 978-7-5670-2242-3

Ⅰ．①山… Ⅱ．①王… Ⅲ．①大气环境－环境质量－研究－山东②大气环境－气象预报－研究－山东 Ⅳ．① X16② P457

中国版本图书馆 CIP 数据核字（2019）第 112162 号

出版发行	中国海洋大学出版社		
社　　址	青岛市香港东路 23 号	邮政编码	266071
出 版 人	杨立敏		
网　　址	http://pub.ouc.edu.cn		
电子邮箱	zwz_qingdao@sina.com		
订购电话	0532－82032573（传真）		
责任编辑	邹伟真	电　　话	0532－85902533
印　　制	北京虎彩文化传播有限公司		
版　　次	2019 年 8 月第 1 版		
印　　次	2019 年 8 月第 1 次印刷		
成品尺寸	140 mm × 202 mm		
印　　张	4.5		
字　　数	205 千		
印　　数	1—1 000		
定　　价	28.00 元		

发现印装质量问题，请致电 010-84720900，由印刷厂负责调换。

CONTENTS 目录

5 山东省大气环境质量预报预警系统

1 引 言

随着城市化、工业化、区域经济一体化进程加快，区域经济发展与大气质量改善之间的矛盾愈加激烈，大气中污染物浓度的时空变化更加复杂。应用现代科学技术丰富大气环境质量数据展示与表达形式，深入开展大气环境质量预报模型研究，成为环保部门和科学界十分紧迫的基础性工作[1-5]。

1.1 国内外研究进展

我国早期大气环境污染多以分离的点位方式表达，环境监测站点少而稀疏的特点导致空间分析在大气环境污染分析方面的应用较少[6-7]。随着近年来我国空气质量自动监测点位的大量建设，将空间插值技术应用于区域空气质量可视化研究，为公众信息服务及区域联防联控提供有力的技术支撑成为可能[8-41]。国内外空气质量预测领域中常用的预报方法有统计预报和数值预报。统计预报是以统计学方法为基础的一种预报方法。它不依赖空气污染物物理化学过程的机理,主要分为两种:一种是以单一空气质量监测数据为研究对象,建立基于时间序列的空气质量预报模型;另一种是通过空气质量与气象因子之间的统计分析,研究污染物浓度的迁移变化规律,建立大气污染浓度与气象因子间的统计预报模型,从而预测空气质量。数值预报是一种基于物理化学过程的确定性的预报方法。将空气污染物的输送、扩散、迁移、转化过程使用复杂的偏微分方程来解析,并利用数值模拟方法求解,通过展示模式得到空气污染物浓度的空间分布及变化趋势。目前研究多将人工智能和数据驱动方法引入到空气质量预报研究领域,智能化的数据挖掘方法具有较强的非线性处理能力,突破了传统线性统计预报的局限性。

1.1.1 国内外空气质量的研究现状

Neha Khanna(2000)利用对多种污染物的综合评判给出了一种新的空气污染指数(API)体系,并将此指数与美国环保局(EPA)的污染标准指数(PSI)进行了对比,发现新的 API 在某些时候更能反映污染气体对人体的危害,因为它是综合评判的指标,而 PSI 只取决于浓度最高的污染物浓度。

G. Kvrkilis 等（2007）发展了聚集空气质量指数并与美国环保局的 PSI 对比，发现前者能更好地揭示污染对健康的影响。国外对影响空气质量的可吸入颗粒物的研究比较多。美国、日本等国家在 20 世纪 70 年代就已用化学质量平衡法（CMB）对芝加哥、华盛顿等许多城市的总悬浮颗粒物（TSP）的来源做了大量的工作，取得了与实际情况相符合的计算结果，为针对性地治理颗粒物污染做出了重要贡献。1999 年英环保署对英国大气环境中的 PM_{10} 做了一次全面的源解析工作，认为道路交通、次颗粒物以及由表层土壤、灰尘、海水泡沫产生的颗粒物是 PM_{10} 的主要来源。1998～1999 年，Mike Le Page 等在加拿大全国范围对颗粒物进行源解析，结果显示不同的地区呈现出不同的源成分组成分布，在以工业为主的地区工业尘为大气颗粒物的主要贡献者，其他地区道路交通的贡献率较大。

　　国内利用单一污染物浓度或几种污染物浓度变化和空气污染指数（API）对空气质量的研究比较多，但利用空气质量指数（AOI）对空气质量的研究比较少，而且大多是在时间上的研究，很少对同一地方的空气质量同时在时间和空间分布上进行研究。司瑶冰等（2005）利用 1990～2002 年呼和浩特市区空气的 TSP、SO_2、NOx 浓度的实际监测数据，分析得出呼和浩特市市区主要以煤烟型污染为主，冬、春比夏、秋污染严重，采暖期比非采暖期污染严重，市区中心污染最严重。污染物的排放量及大气的稳定度状态是城市大气污染的主要影响因子，天气变化是城市大气污染物浓度变化的主导因素，局地环流是决定城市污染物分布的关键因素。李国翠等（2006）对石家庄市 2002 年 1 月到 2004 年 12 月空气质量达到中度及以上的典型污染日进行了统计分析，指出典型污染日多出现在采暖季节，其出现时间具有相对连续性；污染日分为沙尘和非沙尘两类，气象要素特征前者表现为风速大、湿度小、多正变压等锋后特征，后者则表现为地面风小、湿度高、多逆温层、大气层结稳定。鲁然英（2006）利用 2001～2005 年 5 年 47 个城市的空气质量日报数据，根据空气质量指数研究了这些城市空气质量的时空分布状况，并且对城市环境质量进行了评价，确定了 PM_{10} 为主要城市的首要污染物。石建慧（2008）在《呼和浩特市大气环境质量及其影响因素的研究》中，根据空气污染物负荷系数对空气质量进行评价，确定 SO_2、NO_2 和 PM_{10} 为评价因子，基于 1997～2007 年呼和浩特市区的主要大气污染物的浓度变化数据，使用指数法进行相关浓度变化的分析，用 Damel 的趋势检验方法分析呼和浩特市区主要大气污染物的浓度变化趋势,确定了呼和浩特市区大气污染特征的影响因子,并针对目前呼和浩特市区大气污染现状提出了 9 条预防措施。

1.1.2 空气污染物浓度与气象因子的关系研究进展

事实上,除了人为因素导致的空气污染外,空气中污染物的浓度与天气状况有着密不可分的关系,气象因素如气温、湿度、风力、气压和降水量等对大气颗粒物的时间和空间分布有着很大的影响。气象条件对污染物扩散、稀释和积累有一定的作用。当风速较大时,空气中悬浮的颗粒物就容易被吹散。风向决定着污染物的扩散方向,风速则影响污染物扩散稀释的速度。近地面空气层的盛行风及平均风速的大小除受季节活动变化和地形条件的影响外,局部的风向、风速还受地面大型建筑物的影响。相对湿度可以反映空气中的水汽含量,相对湿度低时空气干燥,天气晴好,大气一般较为稳定,空气扩散能力差,空气污染物浓度较高。在污染源一定的条件下,污染物浓度大小主要取决于气象条件。Wise 等(2005)发现气象条件的变化能影响美国西南部 40% ～ 70% 的臭氧变化和 20% ～ 50% 的颗粒物变化。王宏等(2008)研究了发生突变时气压、风速、温度、湿度等气象条件的变化特征。Buhalqurn 等（2006）根据乌鲁木齐市大气污染指标月浓度值及相对应的气象数据，探讨了城市空气污染与地面气象要素的关系。徐莉、李艳红（2013）发现 API 与气温、风速、能见度和湿度等气象因素关系密切，API 值与气温、能见度和风速呈负相关，与湿度呈正相关。魏玉香等（2009）在研究不同气象条件下污染物质量浓度时发现，污染物质量浓度与风速呈负相关关系，且吹东南风时污染物浓度最高；另外，降水对污染物有一定的清除作用。

1.1.3　大气污染物浓度预测的人工神经网络方法

　　常用的大气污染物浓度预测方法主要是以污染物排放量为基础的。典型的有多源扩散模式、线源扩散模式、面源扩散模式和总悬浮微粒扩散模式。随着模糊数学和人工神经网络的发展，预测方法又出现了以污染物排放相关因素为基础的模型。这些新的模型和方法可用来分析大气污染物浓度与相关的因素，如人口密度、工业污染、路网密度、土地覆盖和城市天然气供应以及供暖普及率等之间的关系。以上几种方法中，对于环境质量的预测评价这类非线性特征的问题，人工神经网络方法有着其他方法无法比拟的优点。人工神经网络预测方法是近年来国际上人工智能领域研究的重点,它是由大量神经元通过丰富和完善的连接而构成的自适应非线性动态系统,具有并行处理、容错性、自学习等功能,在模式识别、自动化控制、知识处理及运输与通信等领域取得了很好的应用效果。人工神经网络预测方法不需要明确的输入、输出之间的函数关系,主要通过对大量的数据训练、学习来完成模拟过程,并利用训练好的网络对新输入的数据进行预测。

雾霾天气的出现表面看似无序,但其在长时间内是有一定规律的。雾霾天气的出现受到天气状况、燃烧化石燃料、污染源等很多因素的影响,其变化具有非线性、突变性等特点。BP(Back Propagation)神经网络有着强大的非线性处理能力并且能够依赖数据本身的内在联系对雾霾天气进行建模预测,对于雾霾天气的预报有一定的意义。近年来,人工神经网络模型已经被广泛应用于大气污染预测的研究。Evidence(2007)的研究表明,人工神经网络算法能够构建空气污染物和各预测因子间的非线性模拟函数,其预测结果相较于其他因子更准确。Gardner(1998)广泛研究了神经网络算法应用于空气质量环境的案例并指出当其他理论模型难以构建时,人工神经网络在处理非线性系统时的优越性就显现出来了。尽管如此,在人工神经网络算法模仿生物神经系统时,非线性的运算过程无法呈现因变量对自变量的直观影响,人工神经网络算法也有自身的局限性。所以,人工神经网络模型应该与其他线性和非线性模型相结合,以期降低各算法之间的局限性。

本研究利用克里金插值和地统计分析方法,在 ArcGIS 软件的支持下,实现了山东省 2016～2017 年大气污染物(SO_2、NO_2、PM_{10}、$PM_{2.5}$、CO、O_3)在不同季节、月份、日期乃至时段空间分布的可视化表达,分析了其时空变化特征、自相关性和变异性;以大气质量监测数据和气象观测数据(风速、风向、温度、湿度、气压等)为基础,分别利用多元线性回归方法和 BP 神经网络方法建立了山东省大气环境质量预报模型,并通过实测数据对两种模型进行检验和校正,建立了山东省大气环境质量预报预警系统,为合理调整污染源布局、切实做好大气污染防治提供了科学依据和决策支持。

1.2 研究区概况

山东省位于黄河下游,介于北纬 34°25′～38°23′、东经 114°36′～122°43′ 之间。陆地南北长约

420 km,东西宽约 700 km,总面积 1.57×10^5 km²。境内中部山地突起,西南、西北低洼平坦,东部缓丘起伏,形成以山地丘陵为骨架、平原盆地交错环列其间的地形大势。泰山雄踞中部,主峰海拔 1 532.7 m,为全省最高点。黄河三角洲一般海拔 2～10 m,为全省陆地最低处。境内地貌复杂,大体可分为平原、台地、丘陵、山地等基本地貌类型。平原面积约占全省面积的 65.56%,主要分布在鲁西北地区和鲁西南局部地区。台地面积约占全省面积的 4.46%,主要分布在东部地区。丘陵面积约占全省面积的 15.39%,主要分布在东部、鲁西南局部地区。山地面积约占全省面积的 14.59%,主要分布在鲁中地区和鲁西南局部地区。

境内主要山脉集中分布在鲁中南山丘区和胶东丘陵区。属鲁中南山丘区者,主要由片麻岩、花岗片麻岩组成;属胶东丘陵区者,由花岗岩组成。绝对高度在 700 m 以上、面积 150 km² 以上的有泰山、蒙山、崂山、鲁山、沂山、徂徕山、昆嵛山、九顶山、艾山、牙山、大泽山等。

全省海拔 50 m 以下区域约占全省面积的 53.71%,主要分布在鲁西北地区;50～200 m 区域约占 33.50%,主要分布在东部地区;200～500 m 区域约占 11.53%,主要分布在鲁西南地区和东部地区;500 m 以上区域约占 1.26%,主要分布在鲁中地区。

全省坡度 2° 以下区域约占全省面积的 71.02%,集中分布在鲁西北地区和鲁西南、东部局部地区;2°～5° 区域约占 9.82%、5°～15° 区域约占 11.78%,主要分布在东部地区;15°～25° 区域约占 4.63%、25° 以上区域约占 2.75%,主要分布在鲁中地区和东部地区。

山东水系比较发达,自然河流的平均密度每平方千米在 0.7 km 以上。干流长 10 km 以上的河流有 1 500 多条,其中在山东入海的有 300 多条。这些河流分属于淮河流域、黄河流域、海河流域、小清河流域和胶东水系,较重要的有黄河、徒骇河、马颊河、沂河、沭河、大汶河、小清河、胶莱河、潍河、大沽河、五龙河、大沽夹河、泗河、万福河、洙赵新河等。

湖泊集中分布在鲁中南山丘区与鲁西南平原之间的鲁西湖带。以济宁为中心,分为两大湖群,以南为南四湖,以北为北五湖。南四湖包括微山湖、昭阳湖、独山湖、南阳湖,四湖相连,南北长约 122.6 km,东西宽 5～22.8 km,总面积约 1 266 km²,为全国十大淡水湖之一。南四湖容纳鲁、苏、豫、皖 4 省 8 地区的汇水,入湖河流 40 多条,流域面积约 3.17×10^4 km²,加之京杭大运河穿湖而过,兼有航运、灌溉、防洪、排涝、养殖之利。北五湖自北而南为东平湖、马踏湖、南旺湖、蜀山湖、马场湖,其中以东平湖最大,湖区总面积约 627 km²,蓄水总量 4×10^9 m³。此外,还有麻大湖、白云湖、青沙湖等。

山东省濒临渤海和黄海。大陆海岸线北起冀、鲁交界处的漳卫新河河口,南至鲁、苏交界处的绣针河河口,海岸线长约 3 345 km,约占全国海岸线的 1/6。全省共有海岛 456 个,海岛总面积约 111.22 km²,海岛岸线长约 561.44 km²;面积为 1 km² 以上的海湾有 49 个,海湾面积约 8 139 km²;潮间带滩涂面积约 4 395 km²,负 20 m 浅海面积约 29 731 km²。

鲁中山区由于海拔较高,受气温直减率影响都有一个温度的低值区。1 月温度为 −11.2 ∼ 0.6 ℃,气温南部值高,北部值低,沿海地区高于内陆地区,总体上呈现纬向分布的趋势。鲁北和山东半岛内陆有一低值中心,而半岛的东部和南部地区为高值区。4 月温度为 5.3 ∼ 16.4 ℃,由东向西温度逐渐升高,总体上呈现经向分布的特点。鲁西地区气温基本都在 14 ℃ 以上,南部沿海和半岛东部地区值相对较低。7 月温度为 17.8 ∼ 27.7 ℃,由东向西升高,呈现经向分布趋势。内陆地区气温较高,而半岛的东部和南部沿海地区温度较低。10月温度为5.1～17.1℃,鲁南和半岛的东南沿海地区是高值区,而鲁北、鲁中山区的北部及半岛的内陆地区温度较低,总体上又呈现出纬向分布的特点。

山东省各季节相对湿度的最低值都出现在鲁中山区周围,并以此地区为中心呈现环状分布,湿度逐渐升高。1月湿度分布受地形影响尤为显著,10月、4月和7月相对湿度的分布受地形影响较小。1月湿度范围为52.9～71.7%,鲁中丘陵山地地区湿度最低,其次为鲁北和鲁南地区,半岛和鲁西地区湿度最高。4月湿度在49.1～72.8%之间,总体呈沿海岸线分布的趋势,鲁中地区为湿度低值区,其余地区由东南向西北湿度逐渐降低。7月湿度最低值为69.1%,出现在鲁中山区,高值为95.6%,分布在东部沿海地区,湿度总体分布与4月类似,呈现离海岸线越近湿度越高的特征。10月湿度在58.2～77.7%之间,最高值出现在鲁西地区,低值出现在鲁中和半岛北部地区。

山东省各季节风速的最大值都出现在半岛丘陵地区和鲁中山区,最小值出现在鲁西和鲁中山区以南地区,最大值出现在1月,为8.19 m/s,夏季也就是7月的风速值最小。

山东降水的特点总结起来有以下四点:① 降水

条带状分布,东南方向降水多于西北方向。由于全省跨越经纬度较大,降水量自南向北递减的纬度地带性和自东向西递减的经度地带性,决定了全省降水量的地区分布具有自东南部向西北部递减的总趋势。② 半岛地区降水多于同纬度内陆地区。山东省东临海洋,西接大陆,水平地形分为半岛和内陆两部分,东部的山东半岛突出于黄海、渤海之间,由于海陆热力性质的差异,山东半岛地区气候带有海洋性特征,降水多于同纬度内陆地区。③ 地形起伏较大的丘陵低山地区降水量与海拔高度较小的平原地区降水量有明显的不同。中部和半岛丘陵区的降水明显多于平原地区。④ 年平均降水量空间分布受海拔影响较大。

2 数据来源与技术路线

2.1 数据来源与处理

污染物浓度来源于山东省 144 个空气质量监测站点监测数据,现利用 ArcGIS 软件根据站点经纬度信息将各空气质量监测站点实现空间可视化并进行投影转换,建立了监测站点空间数据库。

表 2.1 山东省空气质量监测站点信息表

城市	序号	站点名称	站点情况
济南市	1	济南化工厂	国控站点
	2	市监测站	国控站点
	3	省种子仓库	国控站点
	4	机床二厂	国控站点
	5	科干所	国控站点
	6	开发区	国控站点
	7	农科所	国控站点
	8	长清区委党校	国控站点
	9	高新学校	省控站点
	10	山东建筑大学	省控站点

城 市	序 号	站点名称	站点情况
济南市	11	宝胜电缆	省控站点
	12	山东经济学院	省控站点
	13	电力专科学校	省控站点
	14	泉城广场	省控站点
	15	兰翔技校	省控站点
	16	跑马岭	省控站点
青岛市	1	李沧区子站	国控站点
	2	市北区子站	国控站点
	3	市南区东部子站	国控站点
	4	四方区子站	国控站点
	5	市南区西部子站	国控站点
	6	崂山区子站	国控站点
	7	黄岛区子站	国控站点
	8	城阳区子站	国控站点
	9	李沧区 2# 子站	省控站点
	10	城阳区 2# 子站	省控站点
	11	仰口子站	国控站点
	12	崂山区 2# 子站	省控站点
	13	黄岛区 2# 子站	省控站点
淄博市	1	人民公园	国控站点
	2	东风化工厂	国控站点
	3	双山	国控站点
	4	气象站	国控站点
	5	莆田园	国控站点
	6	三金集团	国控站点

续表

城市	序号	站点名称	站点情况
淄博市	7	开发区	省控站点
	8	新区	国控站点
	9	南定	省控站点
	10	青龙山	省控站点
	11	凤凰山	省控站点
	12	齐鲁石化	省控站点
	13	职业学院	省控站点
枣庄市	1	市环保局	省控站点
	2	高新区	省控站点
	3	污水处理厂	省控站点
	4	台儿庄区环保局	国控站点
	5	市中区政府	国控站点
	6	薛城区环保局	国控站点
	7	峄城区政府	国控站点
	8	山亭区环保局	国控站点
东营市	1	市环保局	国控站点
	2	耿井村	国控站点
	3	西城环保公司	国控站点
	4	河口环保分局	省控站点
	5	广南水库	国控站点
	6	开发区管委会	省控站点
	7	胜利医院	省控站点
	8	职业学院	省控站点
	9	现河采油厂	省控站点
烟台	1	西郊化工厂	国控站点

城市	序号	站点名称	站点情况
烟台	2	轴承厂	国控站点
	3	莱山环保局	国控站点
	4	福山环保局	国控站点
	5	牟平环保局	国控站点
	6	开发区	国控站点
	7	鲁东大学	省控站点
	8	盛泉工业园	省控站点
	9	中国农业大学	省控站点
	10	开发区加工区	省控站点
	11	大季家	省控站点
潍坊市	1	仲裁委	国控站点
	2	刘家园	国控站点
	3	环保局	国控站点
	4	共达公司	国控站点
	5	寒亭站	国控站点
	6	鑫汇集团	省控站点
	7	商业学校	省控站点
	8	开发区中学	省控站点
	9	锦城中学	省控站点
济宁市	1	火炬城	国控站点
	2	监测站	国控站点
	3	电化厂	国控站点
	4	市污水处理厂	省控站点
	5	任城开发区	省控站点
	6	圣地度假村	省控站点

续表

城市	序号	站点名称	站点情况
济宁市	7	农校	省控站点
泰安	1	人口学校	国控站点
	2	监测站	国控站点
	3	电力学校	国控站点
	4	厚丰公司	省控站点
	5	农大新校	省控站点
	6	信通科技	省控站点
	7	交通学校	省控站点
威海市	1	工业新区	省控站点
	2	山大分校	省控站点
	3	市监测站	国控站点
	4	蓝天宾馆	省控站点
	5	张村政府	省控站点
	6	华夏技校	国控站点
日照市	1	东港环保分局	国控站点
	2	市政府广场	国控站点
	3	港务局	国控站点
	4	岚山环保分局	省控站点
	5	金马工业园	省控站点
	6	教授花园	省控站点
	7	职业技术学院	省控站点
原莱芜市	1	老年公寓	省控站点
	2	新一中	省控站点
	3	钢城区环保局	省控站点
	4	植物油厂	国控站点

城市	序号	站点名称	站点情况
原莱芜市	5	日昇国际	国控站点
	6	技术学院	国控站点
临沂	1	沂河小区	国控站点
	2	鲁南制药厂	国控站点
	3	南坊新区	省控站点
	4	临沂大学城	省控站点
	5	新光毛纺厂	国控站点
	6	洪福酒业	省控站点
	7	河东区政府	省控站点
	8	江华汽贸	省控站点
德州	51	监理站	国控站点
	52	儿童乐园	国控站点
	53	黑马集团	国控站点
	54	监测站	省控站点
	55	华宇职业学院	省控站点
	56	双一集团	省控站点
聊城市	1	海 关	省控站点
	2	鸿顺花园	省控站点
	3	二轻机	国控站点
	4	党 校	国控站点
	5	区政府	国控站点
	6	开发区	省控站点
滨州	1	市环保局	国控站点
	2	北中新校	国控站点
	3	第二水厂	国控站点

续表

城市	序号	站点名称	站点情况
滨州	4	科灵化工	省控站点
	5	银河物流	省控站点
	6	碧林小区	省控站点
菏泽市	1	菏泽市污水处理厂	省控站点
	2	菏泽市政协	国控站点
	3	牡丹工业园管委会	省控站点
	4	华润制药有限公司	省控站点
	5	菏泽学院	国控站点
	6	菏泽市气象局	国控站点

2.2 研究方法与技术路线

2.2.1 研究方法

2.2.1.1 克里金插值

克里金插值法又称空间局部插值法,是以变异函数理论和结构分析为基础,在有限区域内对区域化变量进行无偏最优估计的一种方法,是地统计学的主要内容之一,由南非矿产工程师 D. Matheron 于 1951 年在寻找金矿时首次提出,法国著名统计学家 G. Matheron 随后将该方法理论化、系统化,并命名为 Kriging,即克里金插值法。

克里金插值法的适用条件为区域化变量存在

空间相关性,即如果变异函数和结构分析的结果表明区域化变量存在空间相关性,则可以利用克里金插值法进行内插或外推。其实质是利用区域化变量的原始数据和变异函数的结构特点,对未知样点进行线性无偏、最优估计。无偏是指偏差的数学期望为 0,最优是指估计值与实际值之差的平方和最小。因此,克里金插值法是根据未知样点有限领域内的若干已知样本点数据,在考虑了样本点的形状、大小和空间方位,与未知样点的相互空间关系以及变异函数提供的结构信息之后,对未知样点进行的一种线性无偏最优估计。

克里金插值法是以空间自相关性为基础,利用原始数据和半方差函数的结构性,对区域化变量的未知采样点进行无偏估值的方法。本研究利用克里金插值法对山东省各种大气污染物进行时空分布可视化表达。

2.2.1.2 地统计分析

地统计学与经典统计学的共同之处在于:它们都是在大量采样的基础上,通过对样本属性值的频率分布或均值、方差关系及其相应规则的分析,确定其空间分布格局与相关关系。但地统计学区别于经典统计学的最大特点,即地统计学既考虑到样本值的大小,又重视样本空间位置及样本间的距离,弥补了经典统计学忽略空间方位的缺陷。

前提假设:

随机过程

与经典统计学相同的是,地统计学也是在大量样本的基础上,通过分析样本间的规律,探索其分布规律,并进行预测。地统计学认为研究区域中的所有样本值都是随机过程的结果,即所有样本值都不是相互独立的,它们是遵循一定的内在规律的。因此地统计学就是要揭示这种内在规律,并进行预测。

正态分布

在统计学分析中,假设大量样本是服从正态分布的,地统计学也不例外。在获得数据后首先应对数据进行分析,若不符合正态分布的假设,应对数据进行变换,转为符合正态分布的形式,并尽量选取可逆的变换形式。

平稳性

对于统计学而言,重复的观点是其理论基础。统计学认为,从大量重复的观察中可以进行预测和估计,并可以了解估计的变化性和不确定性。对于大部分的空间数据而言,平稳性的假设是合理的。

这其中包括两种平稳性：一是均值平稳，即假设均值是不变的并且与位置无关；另一类是与协方差函数有关的二阶平稳和与半变异函数有关的内蕴平稳。二阶平稳是假设具有相同的距离和方向的任意两点的协方差是相同的，协方差只与这两点的值相关而与它们的位置无关。内蕴平稳假设是指具有相同距离和方向的任意两点的方差（即变异函数）是相同的。二阶平稳和内蕴平稳都是为了获得基本重复规律而做的基本假设，通过协方差函数和变异函数可以进行预测和估计预测结果的不确定性。

地统计分析理论基础包括前提假设、区域化变量、变异分析和空间估值。空间自相关是一种空间统计分析方法，其空间分布特征可通过空间自相关的全域和局域两个指标来度量。全局空间自相关系数是用来验证整个研究区域的空间模式和度量属性值在整个区域空间的分布态势。局域空间关联性指标用来揭示空间地域单元与其临近空间单元属性特征值之间的相似性或相关性。本研究利用此方法进行山东省各大气污染物的空间相关性和变异性分析。趋势分析法通过三维透视图将采样点绘制在 XZ、YZ 平面上，以属性值作为 Z 值，通过 XZ、YZ 投影平面上的离散点拟合多项式，以此来识别输入数据空间变化趋势。本研究利用此方法进行山东省各种大气污染物浓度分布的空间变化趋势[42-45]。

2.2.1.3　多元线性回归分析

在回归分析中,如果有两个或两个以上的自变量,就称为多元回归。事实上,一种现象常常是与多个因素相联系的,由多个自变量的最优组合共同来预测或估计因变量,比只用一个自变量进行预测或估计更有效、更符合实际。因此多元线性回归比一元线性回归的实用意义更大。本研究利用此方法建立山东省大气质量预报模型。

2.2.1.4　BP 神经网络方法

BP 神经网络是 1986 年由 Rumelhart 和 McClelland 为首的科学家提出的概念,是一种按照误差逆向传播算法训练的多层前馈神经网络,是目前应用最广泛的神经网络。人工神经网络无须事先确定输入输出之间映射关系的数学方程,仅通过自身的训练,学习某种规则,在给定输入值时得到最接近期望输出值的结果。作为一种智能信息处理系统,人工神经网络实现其功能的核心是算法。BP 神经网络是一种按误差反向传播(简称误差反传)训练的多层前馈网络,其算法称为 BP 算法,它的基本思想是梯度下降法,利用梯度搜索技术,以期使网络的实际输出值和期望输出值的误差均方差为最小。

基本 BP 算法包括信号的前向传播和误差的反向传播两个过程。即计算误差输出时按从输入到输出的方向进行,而调整权值和阈值则从输出到输入的方向进行。正向传播时,输入信号通过隐含层作用于输出节点,经过非线性变换,产生输出信号,若实际输出与期望输出不相符,则转入误差的反向传播过程。误差反传是将输出误差通过隐含层向输入层逐层反传,并将误差分摊给各层所有单元,以从各层获得的误差信号作为调整各单元权值的依据。通过调整输入节点与隐层节点的连接强度和隐层节点与输出节点的连接强度以及阈值,使误差沿梯度方向下降,经过反复学习训练,确定与最小误差相对应的网络参数(权值和阈值),训练即停止。此时经过训练的神经网络即能对类似样本的输入信息,自行处理输出误差最小的经过非线性转换的信息。

BP 神经网络能学习和存贮模型输入与输出映射关系,而无须事前揭示描述这种映射关系的数学方程。它学习规则是使用最速下降法,利用反向传播来不断调整网络的权值与阈值,使网络的误差最小。BP 神经网络模型拓扑结构包括输入层、隐含层和输出层,通过确定网络层数,每层节点数,传递函数,初始权系数,学习算法来计算结果[46-48]。本研究利用此方法建立山东省大气质量预报模型。

2.2.2 技术路线

具体技术路线如图 2.1。

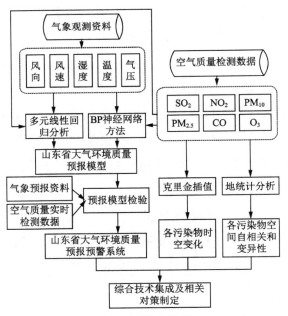

图 2.1 技术路线

3 山东省大气环境质量时空分异研究

3.1 大气环境质量总体分析

2016 年山东省能见度平均为 17.6 km:威海市最高,为 33.9 km;聊城市最低,为 10.6 km。2017年山东省能见度平均为 20.1 km:威海市最高,为40.4 km;济南市最低,为 11.2 km。与 2016 年相比,2017 年能见度全省平均改善 120.5%,其中 12 个市改善,聊城市改善最多,为 51 711.3%;5 个市恶化,济宁市恶化最多,为 −99.8%(图 3.1)。

"蓝繁天数"即"蓝天白云、繁星闪烁"天数,为山东省环保厅首创,其判定标准为能见度和 $PM_{2.5}$。根据《山东省环境空气水平能见度监测技术规定(试行)》对"蓝天白云、繁星闪烁"的定义,某市能见度日均值大于或等于 10 km 且当天有 16 个小时能见度大于或等于 10 km 时,视为蓝天白云,繁星闪烁;如果当天湿度日均值高于或等于 85% 并且 PM$_{2.5}$ 日均值低于或等于 0.075 mg/m 时,也视为达到蓝天白云,繁星闪烁。2016 年山东省"蓝繁天数"平均为 215 天,威海市最高,为 301 天;聊城市最低,为 150 天。2017 年山东省"蓝繁天数"平均为 272 天,烟台市最高,为 359 天;济南市、聊城市最低,为 204 天。与 2016 年相比,2017 年全省"蓝繁天数"平均增加 57.2 天,其中 17 个市增加,枣庄市增加最多,为 97 天(图 3.2)。

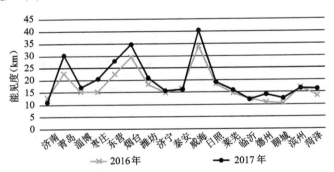

图 3.1　山东省 17 个城市的能见度折线图

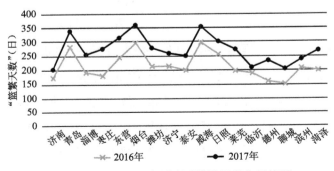

图 3.2　山东省 17 个城市"蓝繁天数"折线图

《环境空气质量标准》(GB 3095—2012)在2012年初出台,对应的空气质量评价体系也由API(Air Pollution Index)变成了AQI(Air Quality Index)。空气质量按照AQI大小分为6个级别,相对应空气质量的6个级别,指数越大、级别越高说明污染的情况越严重,对人体的健康危害也就越大,从一级(0~50)优,二级(51~100)良,三级(101~150)轻度污染,四级(151~200)中度污染,直至五级(201~300)重度污染,六级(大于300)严重污染。

2016年山东省空气质量优良天数平均为207天,威海市最高,为328天,德州市最低,为138天。2017年山东省空气质量优良天数平均为213天:威海市最高,为310天;聊城市最低,为156天。与2016年相比,2017年全省空气质量优良天数平均增加6.0天,其中11个市增加,济南市、济宁市、泰安市、莱芜市增加最多,为28天;5个市减少,滨州市减少最多,为23天;1个市同比持平(图3.3)。

2016年山东省重污染天数平均为23天:德州市最高,为44天;威海市最低,为3天。2017年山东省重污染天数平均为15天:德州市最高,为30天;威海市最低,为1天。与2016年相比,2017年全省污染天数平均增加8.0天,其中15个市增加,

枣庄市增加最多,为 22 天;1 个市——泰安市减少,
为 3 天;1 个市同比持平(图 3.4)。

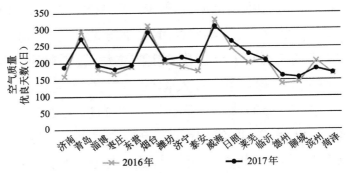

图 3.3　山东省 17 个城市空气质量优良天数折线图

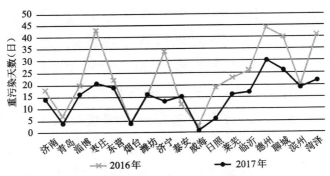

图 3.4　山东省 17 个城市重污染天数折线图

3.2　时间变化分析

3.2.1　月度变化分析

根据各空气监测站点数据得到山东省 2016

年和 2017 年 1～12 月 6 种污染物的月均浓度及
AQI,利用 Excel 绘制各污染物浓度及 AQI 的月度
变化曲线(图 3.5～图 3.7)。

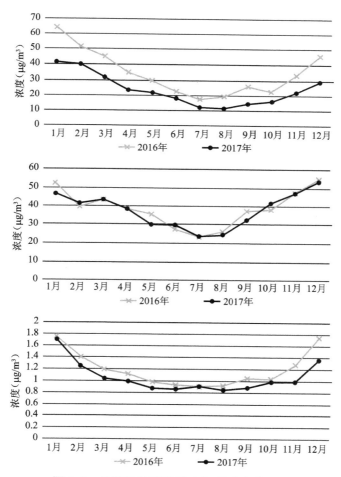

图 3.5　各污染物浓度及 AQI 月度变化(1)

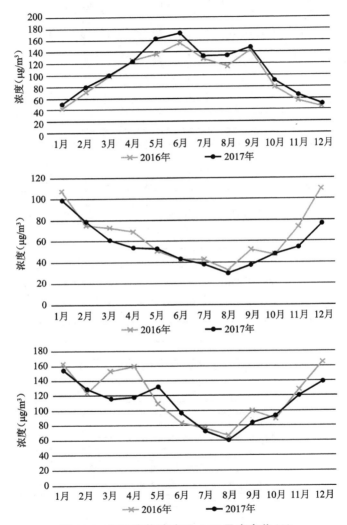

图 3.6　各污染物浓度及 AQI 月度变化（2）

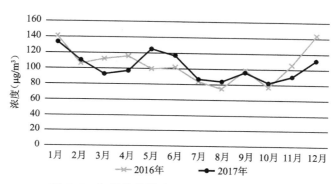

图 3.7　各污染物浓度及 AQI 月度变化（3）

与 2016 年相比，2017 年山东省 SO_2 月均浓度普遍有所降低。两个年度的月均浓度变化趋势基本一致，呈 U 形，即 1 月为高值，以后逐渐降低，到 7 月、8 月浓度最低，然后又逐渐升高。两个年份中 1 月 SO_2 浓度皆为最高，2016 年 1 月的为 64.46 $μg/m^3$，2017 年 1 月的为 41.24 $μg/m^3$，2016 年 SO_2 浓度均值最低值出现在 7 月，为 17.66 $μg/m^3$，2017 年 SO_2 浓度则在 8 月达最低值，为 11.71 $μg/m^3$。

2016 年和 2017 年各个月 NO_2 的平均浓度基本持平且变化曲线一致。2016 和 2017 年 NO_2 的月均浓度最高值都在 7 月，分别为 23.62 $μg/m^3$ 和 23.73 $μg/m^3$；最低值都在 12 月，分别为 54.60 $μg/m^3$ 和 53.51 $μg/m^3$。

CO 的月均浓度变化曲线呈 U 形，夏季浓度最低，冬季浓度较高。2016 年和 2017 年 CO 月均浓度最高值均出现在 1 月,分别为 1.75 mg/m³ 和 1.71 mg/m³;月均浓度最低值在 2016 出现于 7 月,在 2017 出现于 8 月,分别为 0.90 mg/m³ 和 0.85 mg/m³。

O_3(8 h)的月均浓度变化曲线在 2016 和 2017 年都呈 M 形,1 月至 6 月逐月升高,在 7 月或 8 月出现低值,到 9 月又有峰值,然后一直到 12 月逐渐降低。两年的月均浓度最高值均出现在 6 月,2016 年为 156.50 μg/m³,2017 年为 172.21 μg/m³;最低值出现在冬季,2016 年为 1 月的 46.51 μg/m³,2017 年为 12 月的 54.03 μg/m³。

$PM_{2.5}$ 的月均浓度大致上呈 U 形变化,个别月份有小最高波动,冬季 $PM_{2.5}$ 浓度最高,夏季的浓度最小。2016 年和 2017 年 $PM_{2.5}$ 月均浓度最小值均出现在 8 月,为 32.85 μg/m³ 和 30.10 μg/m³。2016 年最大值为 12 月的 109.23 μg/m³,2017 年最大值为 1 月的 98.39 μg/m³。

PM_{10} 的月均浓度变化呈 W 形,2016 年和 2017 年的拐点出现月份有所不同,其中两年的 3 月和 4 月浓度变化较大,其余月份变化趋势基本一致。2016 年的高值出现在 1 月和 12 月,分别为 162.90 μg/m³ 和 165.26 μg/m³;2017 年高值也出现在 1 月和 12 月,但是都比上年同期有所降低,

分别为 153. 98 μg/m³ 和 139. 20 μg/m³。2016 年 3
月和 4 月浓度较高,分别达到了 153. 02 μg/m³ 和
159. 95 μg/m³,而 2017 年的 3 月和 4 月则浓度较低。
2016 年和 2017 年的 PM$_{2.5}$浓度的最低值均出现在
8 月,分别为 66. 81 μg/m³ 和 61. 33 μg/m³。

AQI 两年的月均变化趋势在 3～6 月也就是春
季有所不同,夏季、秋季和冬季的曲线变化基本一
致。2016 年 3 月和 4 月的 AQI 呈上升趋势,到了 5
月和 6 月开始下降;而 2017 年恰好相反,3 月和 4
月值较低、5 月和 6 月值偏高。两年的 AQI 最大值
都出现在冬季,2016 年为 12 月的 143. 41,2017 年
为 1 月的 133. 21。

3.2.2　日间变化分析

选取 2017 年 1～12 月 17 个城市 1 日至 7 日
连续 7 天的各污染物小时浓度以及 AQI 值计算每
个时刻的均值,分析监测数据的日间变化特征(图
3. 8、图 3. 9、图 3. 10)。

根据图 3. 6 可知,各污染物浓度及 AQI 数值在
夜间呈现较平稳状态,白天出现一定程度的波动。
早上 7 点左右各污染物浓度数值开始升高,其中
SO$_2$、CO、PM$_{2.5}$、PM$_{10}$ 的浓度和 AQI 值在中午 12 点
左右达到峰值,然后开始下降,至下午 5 点左右浓

度值又开始上升；NO₂ 浓度峰值出现在上午 9 点左右，然后逐渐下降，到下午 4 点左右开始回升；O₃ 浓度则持续升高直到下午 5～6 点到达峰值后开始下降。

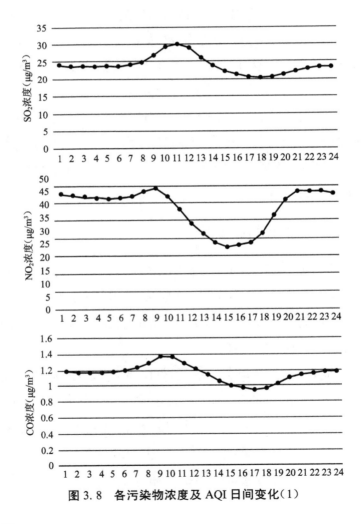

图 3.8　各污染物浓度及 AQI 日间变化（1）

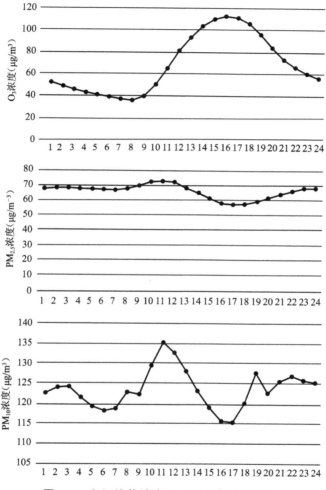

图3.9 各污染物浓度及 AQI 日间变化（2）

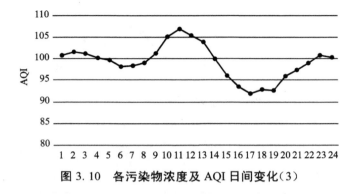

图 3.10　各污染物浓度及 AQI 日间变化（3）

3.3　空间特征分析

利用地统计方法分析 2016 年和 2017 年各污染物浓度和 AQI 的每月均值，揭示其空间变化特征。在地统计分析中，首先要保证样本数据服从正态分布，利用监测点数据的直方图和正态 QQPlot 图度量数据的正态分布情况。大部分的地理现象都具有空间相关特性，即距离越近的事物越相似，这一特性是地统计分析的基础。本研究采用全局 Moran I 指数来进行空间自相关检验，之后通过克里金插值得到每个月污染物浓度及 AQI 的空间分布格局，以揭示山东省各污染物浓度及 AQI 的空间分布特征。

3.3.1　正态性分析

利用 ArcGIS 软件提取两个年度每月污染物浓度和 AQI 属性的直方图（图 3.11～ 图 3.13），分析结果显示各直方图的平均值与中位数都非常接近。①

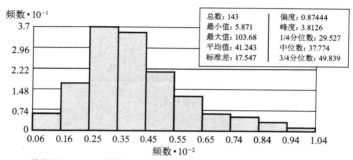

数据源：201701　属性：SO₂

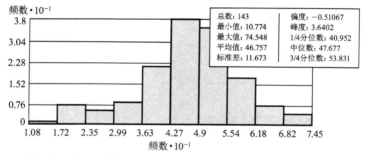

数据源：201701　属性：NO₂

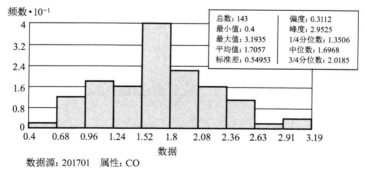

数据源：201701　属性：CO

图 3.11　各污染物浓度和 AQI 数据直方图（1）

---

① 因数据量太大，本书仅展示基于 2017 年 1 月数据所得的直方图。

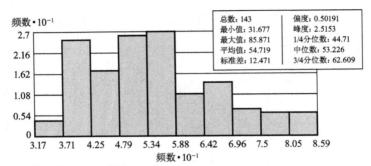

数据源：201701　属性：O3 8h

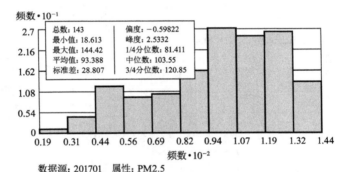

数据源：201701　属性：PM2.5

频数·10⁻¹

总数：143	偏度：−0.45234
最小值：25.032	峰度：2.5614
平均值：153.98	1/4分位数：121.02
标准差：46.862	中位数：164.94
	3/4分位数：187.89

数据源：201701　属性：PM10

图 3.12　各污染物浓度和 AQI 数据直方图（2）

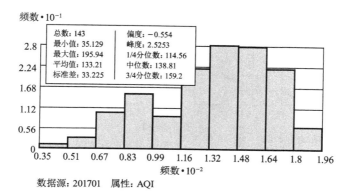

数据源：201701　属性：AQI

续图 3. 13　各污染物浓度和 AQI 数据直方图（3）

正态 QQPlot 图提供了另外一种度量数据正态分布的方法（图 3.8），所有监测数据分布基本接近直线，由图 3.14 和图 3.15 可知，本研究的监测数据近似服从正态分布[②]。

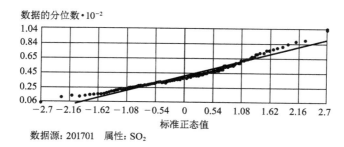

数据源：201701　属性：SO₂

图 3. 14　各污染物浓度和 AQI 数据 QQPlot 图（1）

---

② 因数据量太大，本书仅展示基于 2017 年 1 月数据所得的 QQPlot 图。

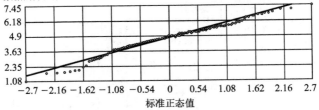

数据源：201701　属性：NO₂

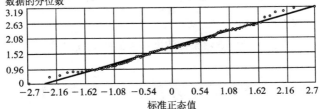

数据源：201701　属性：CO

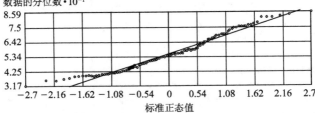

数据源：201701　属性：O3 8h

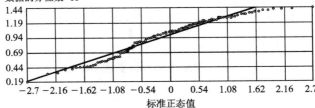

数据源：201701　属性：PM2.5

图 3.15　各污染物浓度和 AQI 数据 QQPlot 图（2）

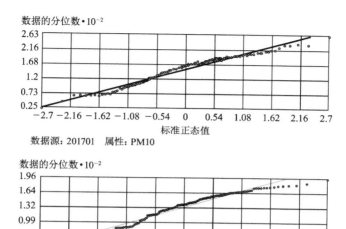

数据源: 201701   属性: PM10

数据源: 201701   属性: AQI

图 3.16　各污染物浓度和 AQI 数据 QQPlot 图（3）

3.3.2　空间自相关分析

空间自相关是判断某一地理要素的属性值与其相邻空间的属性值是否相关的指标。空间自相关系数分为正相关和负相关两类，正相关表明某地理单元的属性值变化与其相邻空间单元的属性值具有相同变化趋势，负相关则表明两者变化趋势相反。本研究采用全局 Moran I 指数来进行空间自相关检验，利用 ArcGIS 软件对各污染物浓度和 AQI 数据（以 2017 年 1 月为例）进行全局空间自相关分析,结果见表 3.1。全局自相关系数的 Z 值均大于 2.58,对应的 P 值均达到了 0.01 的显著水平,表明山东省区域的各污染物浓度和 AQI 数据变化存在明显空间集聚特征。

表 3.1 各污染物浓度和 AQI 数据空间自相关分析

类别	Morgan I 指数	Z 值	P 值
SO_2	0.721 9	14.636 1	0.000 0
NO_2	0.526 5	10.705 6	0.000 0
CO	0.707 2	14.293 0	0.000 0
O_3	0.529 4	10.720 6	0.000 0
$PM_{2.5}$	0.761 3	15.357 1	0.000 0
PM_{10}	0.748 3	15.097 6	0.000 0
AQI	0.767 2	15.474 9	0.000 0

3.3.3 各污染物浓度空间分布特征

2017 年山东省 SO_2 浓度年均值较 2016 年有所下降,2017 年全省浓度值范围为 10.15 ~ 41.66 μg/m³,其年均浓度均在《环境空气质量标准》(GB 3095—2012)规定的二级浓度限值以内,而 2016 年浓度值范围为 15.07 ~ 62.38 μg/m³,有部分区域甚至超过了二级浓度限值。空间分布上呈现以下特点:2016 年和 2017 年山东省 SO_2 浓度年均值在经线上都呈现出交替变化的趋势,大致变化特征为沿着鲁中地区向东和向西浓度逐渐降低。

2016 年山东半岛地区 SO_2 浓度年均值最低,聊城市为另一个低值区,其次是以潍坊、济南、德州、菏泽、临沂大部分地区为代表的中值地区,浓度范围为 33.62～39.56 μg/m³,而年均浓度最高值的集中代表为淄博,最高达到 62.38 μg/m³;2017 年山东半岛地区和聊城市依然为最低值区,尤其是以烟台市、青岛市、威海市为代表的胶东半岛最为显著,中值地区的代表区域与 2016 年大致相同,而浓度范围降低到 20～26.34 μg/m³,年均浓度最高值包含鲁中地区的滨州、东营、淄博、济宁和莱芜等多处区域。

与 2016 年相比,2017 年的山东省 NO_2 年平均浓度有所下降,浓度范围由 2016 年的 21.34～54.77 μg/m³ 降低为 17.26～51.33 μg/m³。2016 与 2017 年 NO_2 年均浓度空间分布特点大致相同,整体上呈现出以鲁中地区为高值中心向四周辐射状逐渐降低的趋势。

2016 年 NO_2 年平均浓度的高值出现在济南、淄博、滨州、德州和聊城的部分地区,最高可达 54.77 μg/m³,胶东半岛的威海、青岛和烟台的部分地区以及枣庄、菏泽西部、外加济南和泰安交界区域都属于低值区域,其浓度变化范围为 21.34~32.5 μg/m³;2017 年的年均浓度高值分布于鲁中北部和鲁南的临沂市部分地区,其浓度低值覆盖的区域除了菏泽西部地区浓度有所升高外,其余低值区域与去年大致相同,浓度变化范围为 17.26~32.5 μg/m³。

2017 年 CO 平均浓度比 2016 年有所降低,2016 年全省浓度值范围为 0.66~1.98 μg/m³,而 2017 年浓度值范围在 0.62~1.82 μg/m³ 之间。2016 年和 2017 年的空间浓度在经线上都呈现出交替变化的趋势,从山东省西部往东部浓度依次呈现出高-低-高-低的变化特点。

2016 年 CO 年均浓度的最高值出现在为以淄博市为中心包含莱芜、济南、滨州、东营、潍坊以及临沂部分区域的鲁中地区,另外还有聊城西部以及周围也属于高值区域,变化范围为 1.33~1.98 μg/m³,鲁东和鲁南地区为 CO 浓度的低值区域,其中以威海、烟台和青岛为代表的胶东半岛浓度最低最明显,为 0.66~0.89 μg/m³,鲁北和鲁西南地区以及以济南为中心周围地区为 CO 年均浓度的中间值区域;2017 年的最高最低和中值年均浓度覆盖的区域与去年大致相同,只是浓度值都平均降低了一点。

　　2016 年山东省的 O_3 年平均浓度范围为 93.07～127.36 μg/m³，而 2017 年的浓度范围为 102.03～119.63 μg/m³。2016 的 O_3 年均浓度的空间分布总体上呈现东低西高的特点，而 2017 年的 O_3 年均浓度的空间分布呈现出西北高东南低的特点。

　　2016 年山东省东部的东营和潍坊以及山东省西部的德州、聊城、泰安、枣庄、等都属于浓度高值区域，最高可达 127.36 μg/m³，而低值区域包含鲁中地区和其南北区域、菏泽与济宁交界区域以及胶东半岛；相比 2016 年，年均浓度最高值在 2017 年有所下降，但是最低值却有所升高，且大部分地区的浓度都有所升高，具体到城市来说，德州、泰安两年来浓度一直较高，平均高达 119 μg/m³，其余大部分地区浓度都有不同程度的增长，济宁和枣庄则是浓度升高的典型区，而 2017 年均浓度低值区域包含济南、莱芜、临沂、日照以及烟台部分区域。

　　2017 年 $PM_{2.5}$ 的年平均浓度比 2016 年的浓度有所下降，浓度值范围由 2016 年的 29.39～96.91 μg/m³ 变为 2017 年的 26.04～80.60 μg/m³，山东省 $PM_{2.5}$ 年均浓度空间上的分布特点：以泰安和济南边界为中心的低值区和以淄博为中心的高值区为例外，呈现出由胶东半岛至鲁西地区即由东往西逐渐升高的特点。

2016 年 $PM_{2.5}$ 浓度高值区域为包含德州、聊城、菏泽、枣庄、济宁等部分区域为代表的鲁西地区以及淄博市中心周围区域，其浓度最高值达到 96.91 $\mu g/m^3$，浓度低值区域为包含威海、烟台和青岛市东部的山东半岛以及泰安与济南边界两边的部分区域，剩余的大多地区为以鲁中为中心的周围地区为浓度中值区域；而 2017 的 $PM_{2.5}$ 浓度高值零散的分布于鲁西地区的聊城、德州南部、菏泽西部、济南北部、淄博中部以及临沂的中部和南部，浓度低值区域包含泰安中部和胶东半岛，最低可至 26.04 $\mu g/m^3$。

相比 2016 年，2017 年的 PM_{10} 年均浓度总体上有所降低，2016 年山东省的 PM_{10} 年浓度范围为 59.11～189.53 $\mu g/m^3$，而 2017 年的浓度范围为 60.27～157.53 $\mu g/m^3$。山东省 PM_{10} 年均浓度在空间上呈现东低西高、南北高中间低的特点。

其中，2017 年 PM_{10} 年均浓度的低值区在胶东半岛的威海、烟台、青岛、日照部分地区以及鲁中一小部分地区，最低值可低至 59.11 $\mu g/m^3$，高值区在鲁西南和鲁西北地区，浓度变化范围为 116.72～189.53 $\mu g/m^3$，而以泰安为中心的鲁中地区周围为浓度的中间值区域；2017 年鲁中和鲁南地区的 PM_{10} 浓度有明显的降低，其中淄博、潍坊、莱芜、济宁等城市有较大程度的降低,最低值区域依然为胶东半岛附近和鲁中部分地区,总体上高低值的分布与 2016 年相差不多。

2017 年全省的 AQI 均值比 2016 年有所下降,2016 年山东省的 AQI 均值的范围为 4.04～146.18,而 2017 年的 AQI 均值的范围为 69.46～131.23。山东省 AQI 均值的空间分布特点整体上呈现由东向西逐渐升高的趋势。

2016 年和 2017 年两年的年均值低值区均出现在威海、烟台、青岛包括日照为代表的鲁东地区,最低值可至 69.46,以德州、聊城、济南为代表的鲁西地区则两年都是高值区域,然而两年相比之下,菏泽、济宁和枣庄在 2016 年为高值区域,在 2017 年该区域的 AQI 指数有下降的趋势,空气质量有一定程度的改善。

综上所述,山东省各污染物浓度(除 O_3 以外)和 AQI 在 2017 年均有一定程度的降低,整体空气质量有所好转。空间上来看,基本呈现出由东向西逐渐升高的特点,以威海、烟台、青岛以及日照部分区域为代表的东部沿海地区为山东省各种污染物浓度和 AQI 数值的低值区,以淄博、济南为中心的区域为 SO_2、NO_2、CO 年均浓度的高值区,以泰安市为中心的鲁中地区为 O_3 的高值区。$PM_{2.5}$、PM_{10} 以及 AQI 的空间分布特点非常相似,这也印证了可吸入颗粒物为山东省大气环境中的首要污染物这一现实情况,以德州、聊城为代表的鲁西地区为三者的高值区域。

3.3.4 $PM_{2.5}$ 与其他污染物之间的相关性分析

据统计,$PM_{2.5}$ 为山东省大气环境中的首要污染物,以鲁中地区济南、淄博、泰安等 5 个城市 2017 年 1~12 月的监测数据为分析对象,对 $PM_{2.5}$ 与其他大气污染物之间的相关性进行研究,计算其相关系数 R,得到的结果如表 3.2 所示。

表 3.2 $PM_{2.5}$ 与其他大气污染物的相关系数

污染物 R 城市	济南	淄博	泰安	莱芜	滨州
PM_{10}	0.868 7	0.915 7	0.934 4	0.914 8	0.913 3
SO_2	0.555 0	0.706 7	0.645 7	0.648 1	0.608 1
CO	0.865 7	0.736 1	0.763 5	0.794 3	0.707 6
NO_2	0.713 1	0.777 1	0.763 2	0.740 0	0.752 2
O_3	−0.281 4	−0.241 4	−0.287 5	−0.216 4	−0.113 0

由表 3.2 可知,PM_{10}、SO_2、CO、NO_2 这 4 种大气污染物与 $PM_{2.5}$ 之间均具有一定的正相关关系,而

O_3 与 $PM_{2.5}$ 之间则存在一定的负相关关系。$PM_{2.5}$ 与 PM_{10} 之间的相关系数取值范围在 0.868 7~0.934 4,是高度正相关关系的范畴;SO_2 与 $PM_{2.5}$ 之间的相关系数取值范围在 0.555 0~0.706 7,是显著正相关关系的范畴;CO 与 $PM_{2.5}$ 之间的相关系数取值范围在 0.707 6~0.865 7,其中济南市 CO 与 $PM_{2.5}$ 之间的关系属于高度正相关关系,而其他 4 个城市的 CO 与 $PM_{2.5}$ 之间的关系则属于显著正相关关系;NO_2 与 $PM_{2.5}$ 之间的相关系数取值范围在 0.713 1~0.777 1,属于显著正相关关系的范围;O_3 与 $PM_{2.5}$ 之间的相关系数为负值且其绝对值的取值范围为 0.287 5~0.113 0,属于微负相关关系。与 $PM_{2.5}$ 有正相关关系的其他大气污染物的相关性由大到小的排序为 PM_{10}、CO、NO_2、SO_2,说明这 4 种大气污染物浓度的增加与 $PM_{2.5}$ 浓度增加的幅度在一定条件下是朝同一个方向且有相同变化趋势的,其中 PM_{10} 与 $PM_{2.5}$ 之间的相关关系是最强的。而 5 个城市的 O_3 与 $PM_{2.5}$ 之间的相关系数均为负,说明 $PM_{2.5}$ 与 O_3 的浓度变化趋势是相反的。

从 $PM_{2.5}$ 的二次转化过程分析其与其他污染物相关性的原因。NO_2 与 $PM_{2.5}$ 具有相关性的原因如下:气体前态物质进入颗粒粒相的主要途径是在光化学反应产生的氢氧自由基、有机自由基以及反应产生的与大气中本来存在的 O_3 共同作用下,促使 NO_2 氧化成为气态 HNO_3,气态 HNO_3 与 NH_3 或 NH_4^+ 反应后即生成固态化合物也即 $PM_{2.5}$ 的组成部分,完成了相态转化过程。由 NO_2 的转化过程可以知道,NO_2 可通过形成硝酸盐的方式形成固态化合物,这是 $PM_{2.5}$ 形成的主要机制之一。因此,当大气中 NO_2 的含量较高时,可转化为更多的 $PM_{2.5}$,即 NO_2 同 $PM_{2.5}$ 具有正相关关系。

SO_2 与 $PM_{2.5}$ 具有关联性的原因如下:SO_2 通过氧化作用及液化过程转化成为 SO_4^{2-} 后,优先与 NH_4^+ 相结合形成 $(NH_4)_2SO_4$,成为固态化合物以实现相态的转化。由 SO_2 的转化过程可以知道,SO_2 可通过形成硫酸盐的方式形成固态化合物,这也是 $PM_{2.5}$ 形成的主要机制之一。因此,当大气中 SO_2 的含量较高时,可转化为更多的 $PM_{2.5}$,故 SO_2 同 $PM_{2.5}$ 也存在正相关关系。

PM_{10} 与 $PM_{2.5}$ 的正相关关系则可直接由两者定义说明,PM_{10} 与 $PM_{2.5}$ 分别代表大气中空气动力学当量直径小于等于 2.5 μm 及 10 μm 的粒子,即 PM_{10} 的组成成分是包含 $PM_{2.5}$ 的。

O_3 与 $PM_{2.5}$ 间存在微小的负相关关系,其原因主要是在 $PM_{2.5}$ 转化过程的 3 个主要机制中,O_3 参与了氧化 SO_2、NO_2 形成硫酸盐、硝酸盐以及氧化

VOCS 形成 SOA 的两个过程,消耗量较大而补充源无法及时大量补充,故通过二次转化形成的 $PM_{2.5}$ 越多,消耗的 O_3 量越大,即两者间存在一定负相关关系。

4 山东省大气环境质量预报模型建立

4.1 气象因子及相关性分析

空气污染是一个非常复杂的系统,从污染源排放到扩散输送、大气中的转化,再到沉降,影响因素众多,包括前期污染场分布、同期污染源排放和同期气象场作用。在一定时期内污染源排放量相对稳定,而气象条件对污染物浓度的短期变化的影响更为显著,因此统计预报方法忽略污染源排放变化的影响,主要考虑未来天气形势和气象条件等因素对空气质量变化趋势的影响。因此,气象影响因子的选择对统计预报模型的建立和预报准确性至关重要。

为了广泛寻找气象因子,选择以下 37 个因子与空气质量进行相关性分析:日均总云量、日主导风向、日均风速、日均海平面气压、日低云量、日均露点、日均温度、日均相对湿度、日最大风向、日最大风速、日最大温度、日最低温度、日累计降水、08 时总云量、08 时风向、08 时风速、08 时海平面气压、08 时 3 小时变压、08 时低云量、08 时露点温度、08 时温度、08 时相对湿度、08 时温度露点差、08 时 24 小时变压、08 时 24 小时变温、14 时总有能量、14 时风向、14 时风速、14 时海平面气压、14 时 3 小时变压、14 时低云量、14 时露点、14 时温度、14 时相对湿度、14 时低云高、14 时稳定度和 14 时混合层高度。山东省各城市空气质量和各气象因子的相关系数见表 4.1。可见山东省空气质量和海平面气压、变压、云量、云底高、湿度、温度、降水、稳定度和混合层高度等因子具有较显著的相关性。

4.2 多元线性回归模型构建

线性预报模型是基础模型,是了解气象条件和污染水平之间关系的重要方法。多元线性回归分析针对某一预报量(某一种污染物浓度),研究多个因子与它的定量统计关系。山东省环境空气质量统计预报系统采用逐步回归算法,从上述影响污染物浓度的因子中选取显著的影响因子,即根据一定的显著性标准,每步引入一个变量进入回归方程,

表 4.1 山东省各城市空气质量和各气象因子的相关系数

	济南	青岛	淄博	枣庄	东营	烟台	潍坊	济宁	泰安	威海	日照	莱芜	临沂	德州	聊城	滨州	菏泽
日均总云量	-0.072	-0.24	-0.105	0.274	-0.133	0.023	-0.212	-0.148	0.106	0.232	-0.263	0.11	-0.237	0.103	-0.018	-0.127	-0.088
日主导风向	-0.039	0.233	-0.02	0.275	0.065	0.006	-0.017	-0.028	-0.059	0.233	0.21	0.11	0.057	0.021	-0.003	-0.009	-0.039
日均风速	-0.082	-0.016	-0.023	0.274	-0.161	-0.028	-0.138	-0.0168	-0.205	0.232	-0.062	0.11	-0.19	-0.119	-0.086	-0.151	0.054
日均海平面气压	0.194	0.224	0.023	0.274	0.038	-0.011	0.139	0.236	-0.164	0.232	0.122	0.111	0.235	0.235	0.265	0.177	0.331
日低云量	-0.26	-0.189	-0.133		-0.18	-0.017	-0.166	-0.023	0.133		-0.172	0.11	-0.247	0.102	-0.177	-0.201	-0.197
日均露点	-0.172	-0.346	-0.212	0.273	-0.1	0.024	-0.187	-0.256	0.07	0.232	-0.27	0.11	-0.302	-0.257	-0.233	-0.187	-0.331
日均温度	-0.229	-0.322	-0.247	0.273	-0.072	-0.044	-0.169	-0.28	0.01	0.232	-0.172	0.11	-0.297	-0.311	-0.308	-0.219	-0.397
日均相对湿度		-0.353					-0.234			0.232	-0.39						

续表

	济南	青岛	淄博	枣庄	东营	烟台	潍坊	济宁	泰安	威海	日照	莱芜	临沂	德州	聊城	滨州	菏泽
日最大风向	0.058	0.228	0.0377	0.276	-0.044		0.019	0.031	0.051	0.232	0.145	0.111	0.069	-0.013	0.033	-0.028	0.085
日最大风速	-0.072	0.01	-0.174	0.274	-0.134	0.019	-0.105	-0.119	-0.212	0.232	0.18	0.11	-0.143	-0.075	-0.078	-0.0118	0.034
日最大温度	-0.228	-0.28	-0.21	0.273	-0.015	-0.013	-0.112	-0.24	0.024	0.232	-0.106	0.11	-0.221	-0.286	-0.286	-0.0177	-0.384
日最低温度	-0.222	-0.353	-0.269	0.273	-0.117	-0.018	-0.214	-0.295	0.009	0.232	-0.235	0.11	-0.348	-0.318	-0.307	-0.238	-0.393
日累计降水	0.21	0.268	0.252	0.283	0.276	-0.044	0.25	0.245	-0.002	0.215	0.281	0.179	0.356	0.19	0.198	0.257	0.168
08时总云量	0.018	0.01	0.047	0.273	0.055	-0.031	0.048	0.032	-0.001	0.233	-0.028	0.112	0.035	-0.037	0.019	0.049	0.017
08时风向	0.018	0.032	0.27	0.274	0.063	0.019	0.028	0.023	-0.004	0.234		0.111	0.036	-0.025	0.021		0.016
08时风速	0.018	0.011	0.046	0.273	0.055	0.025	0.048	0.032	-0.002	0.233	-0.017	0.112	0.035	-0.038	0.019	0.04	0.017
08时海平面气压	0.022	0.015	0.51	0.274	0.056	-0.014	0.051	0.036	-0.166	0.233	-0.015	0.109	0.04	-0.032	0.024	0.049	0.023

续表

	济南	青岛	淄博	枣庄	东营	烟台	潍坊	济宁	泰安	威海	日照	莱芜	临沂	德州	聊城	滨州	菏泽
08时3小时变压	0.018	0.011	0.047	0.273	0.055	-0.042	-0.049	0.033	-0.001	-0.233	-0.017	0.112	0.036	-0.038	0.019	0.052	0.017
08时低云量	-0.271	-0.157	-0.127		-0.109	0.037	-0.123	-0.177	0.093		-0.102		-0.218	0.113	-0.188	0.05	-0.147
08时露点温度	0.014	0.006	0.042	0.273	0.053	-0.044	0.045	0.028		0.232	-0.022	0.111	0.03	-0.045	0.014	-0.214	0.01
08时温度	0.014	0.006	0.041	0.273	0.054	-0.037	0.045	0.028	-0.001	0.232	-0.02	0.111	0.029	-0.046	0.013	0.046	0.009
08时相对湿度		0.011	0.047	0.273	0.055	-0.034	0.049	0.033		0.233	-0.017	0.112	0.036	-0.038	0.019	0.046	0.017
08时温度露点差	0.006	0.006	0.041		0.054	-0.012	0.045	0.028		0.232	-0.02	0.111	0.029	-0.046	0.013	0.05	0.009
08时24小时变压	0.025	0.1	0.75	0.265	0.117	0.044	0.105	0.051	-0.176	0.224	-0.014	0.103	0.112	-0.046	0.02	0.046	0.021
08时24小时变温	0.026	0.101	0.076	0.266	0.119	-0.009	0.107	0.051	-0.004	0.224	-0.013	0.108	0.113	-0.044	0.021	0.135	0.022
14时总有能量	-0.001	-0.0223	-0.113	0.271	-0.152	-0.081	-0.188	-0.131	-0.021	0.227	-0.017	0.145	-0.262	0.08	-0.028	0.137	-0.112

续表

	济南	青岛	淄博	枣庄	东营	烟台	潍坊	济宁	泰安	威海	日照	莱芜	临沂	德州	聊城	滨州	菏泽
14时风向	-0.007	0.264	0.067	0.275	0.118	0.004	0.09	0.07	-0.014	0.228	0.005	0.146	0.168	0.09	-0.042	0.05	0.037
14时风速	-0.001	0.016	-0.089	0.273	-0.102	0.033	-0.067	-0.074	-0.023	0.227	-0.016	0.145	-0.041	-0.021	-0.027	0.074	0.031
14时海平面气压	0.005	0.212	0.211	0.273	0.012	0.026	0.121	0.224	-0.166	0.227	-0.15	0.146	0.211	0.213	0.25	0.05	0.314
14时3小时变压	-0.001	-0.148	-0.185	0.273	-0.225	0.04	-0.183	-0.153	-0.022	0.227	-0.016	0.145	-0.286	-0.179	-0.156	0.055	-0.189
14时低云量	-0.247	-0.164	-0.11		-0.112	0.045	-0.132	-0.176	0.14	0.227	-0.108	0.145	-0.202	0.107	-0.143	-0.183	-0.156
14时露点	-0.005	-0.0347	-0.187	0.273	-0.076	-0.026	-0.176	-0.228	0.019	0.227	-0.02	0.145	-0.281	-0.22	-0.196	0.0046	-0.301
14时温度	-0.006	-0.0274	-0.195	0.273	-0.004	0.004	-0.101	-0.228	-0.02	0.227	-0.017	0.145	-0.207	-0.275	-0.277	0.0046	-0.374
14时相对湿度		-0.0316			0.259	-0.06	-0.26			0.227	-0.024	0.137					-0.135
14时低云高	0.281	0.284	0.208			-0.003	0.207	0.247	-0.005		-0.237		0.307	0.05	0.163	0.263	0.278

续表

	济南	青岛	淄博	枣庄	东营	烟台	潍坊	济宁	泰安	威海	日照	莱芜	临沂	德州	聊城	滨州	菏泽
14时稳定度	-0.247	-0.164	-0.11	0.02	-0.112	-0.146	-0.132	-0.178	0.149		-0.108		-0.198	0.107	-0.137	-0.163	-0.156
14时混合层高度	-0.254	-0.17	-0.114	-0.02	-0.117	-0.151	-0.135	-0.185	0.026		-0.11		-0.076	0.103	-0.141	-0.189	-0.164

逐步回归时,由于新变量的引进,可使已进入回归方程的变量变得不显著,在下一步给以剔除,从而最终建立污染物浓度的"最优"回归方程。

使用逐步回归算法,根据 $\alpha=0.01$ 显著水平的 F 检验,分城市、分季节(春季 $3\sim5$ 月、夏季 $6\sim8$ 月、秋季 $9\sim11$ 月、冬季 $12\sim2$ 月)、分污染物建立了山东省 17 个城市的 408 个回归方程。

例如,济南冬半年 $PM_{2.5}$ 浓度的回归方程为:

$$
\begin{aligned}
PM_{2.5_{ji-win}} = {} & 45.1887 + 0.5176\, PM_{2.5_{-1d}} - \\
& 5.369 T_{dif} - 12.882 T_{max} + 4.6205 T_{d24} - \\
& 14.2273 \overline{T} - 4.7577 \overline{U} + 0.2488 \overline{RH}
\end{aligned}
$$

式中 $PM_{2.5_{ji-win}}$ 为预报日 $PM_{2.5}$ 浓度,$PM_{2.5_{-1d}}$ 为前一日 $PM_{2.5}$ 浓度,T_{dif} 为温度日较差,T_{max} 为日最高温度,T_{d24} 为日变温,$\overline{T}$ 为日平均温度,$\overline{U}$ 为日平均风速,$\overline{RH}$ 为日平均相对湿度。

济南夏半年 O_3 日最大 8 小时滑动平均浓度的回归方程为:

$$
\begin{aligned}
O_{3\,ji-sun} = {} & 0.2299 + 0.4015 O_{3-1d} - 2.037 DH_{08} + \\
& 7.3395 T_{max} + 0.0075815 P_{d24} - 4.8211 T_{08}
\end{aligned}
$$

式中 $O_{3\,ji-sun}$ 为预报日 O_3 日最大 8 小时滑动平均浓度,O_{3-1d} 为前一日 O_3 日最大 8 小时滑动平均浓度,DH_{08} 为 08 时逆温层高度,T_{max} 为日最高温度,P_{d24} 为日变压,T_{08} 为 08 时温度。

4.3　神经网络模型构建

为了建立更加准确的统计预报模型,采用人工神经网络等非线性方法进行补充。BP 神经网络是针对非线性的动力系统的统计预报方法,它通过使用预测因子和预测对象(污染物浓度)以前的历史资料,求解预测因子与预测对象之间的关系,从而构建预报模型。BP 神经网络的输入层接收来自外界的输入信息(污染物的影响因子),并传递给中间层各神经元;中间层负责信息变换;最后传递到输出层向外界输出信息处理结果(输出污染物浓度);当实际输出与期望输出(实际污染物浓度)不符时,进入误差的反向传播阶段,修正各层权值,逐层反传,此过程一直进行到网络输出的误差减少到可以接受的程度,或者预先设定的学习次数为止[49-56]。

BP 算法对网络结构非常敏感,为提高网络的学习速度和性能,需要一个合理的网络结构。山东省环境空气质量统计预报系统使用 MATLAB 构建 BP Adaboost 神经网络,即把 BP 神经网络作为多个弱分类器,反复训练 BP 神经网络预测样本输出,通过 Adaboost 算法得到多个 BP 神经网络分类器组成的强分类器。具体处理步骤如下:

①　输入历史数据(38 个预报因子和 1 个输出因

子,样本量为 2016~2017 年共 600 余天日数据）；

②　网络初始化；

③　弱分类器预测（该系统设置了 15 个弱分类器）；

④　计算预测序列权重；

⑤　测试数据权重调整；

⑥　强分类函数生成。

其中,预报模型的数据节点数为 38,隐层节点数为 10（使用公式,α 为 0~10 之间的常数）,输出层节点数为 1,传递函数使用 S 型非线性函数。

4.4　模型检验

分别计算逐步回归模型和神经网络模型对山东省 17 个城市的主要污染物 $PM_{2.5}$、PM_{10}、O_3 和 AQI 的预报结果和实况的平均绝对误差、平均相对误差、级别准确率及相关系数,见表 4.2 和表 4.3。

$$平均绝对误差 = \frac{\sum_{i=1}^{n} |P_i - O_i|}{n}$$

$$平均相对误差 = \frac{\sum_{i=1}^{n} \frac{|P_i - O_i|}{n}}{n}$$

$$别准确率 = \frac{m}{n}$$

其中 P 为预测值，O 为观测值，n 为总预报天数，m 为污染物浓度或 AQI 实况值和预报值属于同一 AQI 等级或 AQI 等级的天数。

由表可见，逐步回归模型和神经网络模型对山东省 17 个城市的主要污染物 $PM_{2.5}$、PM_{10}、O_3 和 AQI 的预报均能达到一定的准确性，可以为预报制作提供参考。$PM_{2.5}$ 和 PM_{10} 的预报准确率高于 O_3，逐步回归模型预报准确率高于神经网络模型。

表 4.2　山东省 17 个城市主要污染物和 AQI 逐步回归预报检验

城市	预报量	平均绝对误差	平均相对误差/%	级别准确率/%	相关系数
济南	$PM_{2.5}$	26	44.56	66.35	0.45
	PM_{10}	50	35.05	76.45	0.44
	O_3	32	57.58	61.87	0.39
	AQI	25	28.65	82.81	0.45
青岛	$PM_{2.5}$	23	45.50	68.48	0.46
	PM_{10}	45	32.15	78.50	0.46
	O_3	35	59.95	58.42	0.37
	AQI	24	26.75	84.47	0.46
淄博	$PM_{2.5}$	29	42.17	64.82	0.45
	PM_{10}	50	34.12	75.44	0.42
	O_3	34	56.62	63.61	0.38
	AQI	27	31.58	81.95	0.45
枣庄	$PM_{2.5}$	28	47.18	64.41	0.44
	PM_{10}	48	39.89	74.95	0.45
	O_3	33	56.40	63.25	0.39

城市	预报量	平均绝对误差	平均相对误差/%	级别准确率/%	相关系数
枣庄	AQI	28	31.36	81.84	0.46
东营	$PM_{2.5}$	25	39.24	63.71	0.45
	PM_{10}	48	42.16	74.29	0.44
	O_3	33	51.34	67.88	0.39
	AQI	26	29.44	83.26	0.45
烟台	$PM_{2.5}$	24	42.42	66.35	0.42
	PM_{10}	43	38.15	78.27	0.43
	O_3	36	59.88	61.38	0.38
	AQI	23	28.16	84.20	0.43
潍坊	$PM_{2.5}$	26	43.78	65.94	0.44
	PM_{10}	47	32.26	76.20	0.44
	O_3	31	55.34	65.47	0.38
	AQI	24	30.43	83.39	0.45
济宁	$PM_{2.5}$	27	45.91	67.95	0.45
	PM_{10}	48	34.16	79.16	0.45
	O_3	31	53.61	66.35	0.39
	AQI	26	31.43	80.26	0.46
泰安	$PM_{2.5}$	27	41.73	67.95	0.46
	PM_{10}	46	32.65	76.16	0.45
	O_3	33	51.62	63.81	0.39
	AQI	25	29.42	80.25	0.46
威海	$PM_{2.5}$	21	39.48	69.48	0.44
	PM_{10}	42	36.47	79.40	0.43
	O_3	35	55.61	60.06	0.37
	AQI	22	26.69	86.21	0.43

城市	预报量	平均绝对误差	平均相对误差/%	级别准确率/%	相关系数
日照	$PM_{2.5}$	23	41.00	67.37	0.45
	PM_{10}	42	35.26	78.02	0.45
	O_3	34	58.13	60.62	0.38
	AQI	23	28.46	84.19	0.42
莱芜	$PM_{2.5}$	28	47.48	65.48	0.45
	PM_{10}	50	38.87	79.84	0.46
	O_3	33	58.97	63.81	0.39
	AQI	27	30.62	83.16	0.44
临沂	$PM_{2.5}$	29	47.26	67.15	0.46
	PM_{10}	51	36.60	75.26	0.45
	O_3	34	54.81	59.41	0.38
	AQI	28	28.91	81.62	0.45
德州	$PM_{2.5}$	31	44.33	62.20	0.45
	PM_{10}	54	38.84	71.54	0.45
	O_3	34	52.91	58.19	0.40
	AQI	31	32.73	79.58	0.45
聊城	$PM_{2.5}$	30	46.51	64.15	0.45
	PM_{10}	53	34.26	72.85	0.44
	O_3	35	58.33	61.82	0.40
	AQI	30	36.45	80.23	0.46
滨州	$PM_{2.5}$	28	43.26	66.6	0.44
	PM_{10}	54	35.26	74.84	0.44
	O_3	32	53.61	64.21	0.38
	AQI	31	29.32	81.82	0.45

城市	预报量	平均绝对误差	平均相对误差/%	级别准确率/%	相关系数
菏泽	$PM_{2.5}$	29	46.65	67.24	0.40
	PM_{10}	55	38.40	77.26	0.42
	O_3	31	54.92	62.35	0.39
	AQI	29	33.74	83.81	0.41

表 4.3 山东省 17 地市主要污染物和 AQI 神经网络预报检验

城市	预报量	平均绝对误差	平均相对误差/%	级别准确率/%	相关系数
济南	$PM_{2.5}$	26	40.61	64.38	0.33
	PM_{10}	49	48.26	57.44	0.49
	O_3	32	56.33	62.56	0.34
	AQI	26	32.43	75.28	0.24
青岛	$PM_{2.5}$	24	39.65	65.52	0.34
	PM_{10}	44	46.32	57.61	0.46
	O_3	33	54.25	63.28	0.34
	AQI	25	30.82	75.53	0.29
淄博	$PM_{2.5}$	27	42.56	64.57	0.33
	PM_{10}	51	47.25	56.77	0.42
	O_3	30	55.12	63.09	0.32
	AQI	25	31.26	74.71	0.28
枣庄	$PM_{2.5}$	28	40.28	64.98	0.32
	PM_{10}	49	46.37	56.77	0.46
	O_3	31	54.95	62.93	0.3
	AQI	26	32.19	75.09	0.31
东营	$PM_{2.5}$	26	39.59	65.80	0.35
	PM_{10}	47	48.21	56.89	0.43

城市	预报量	平均绝对误差	平均相对误差/%	级别准确率/%	相关系数
东营	O_3	29	55.31	63.78	0.35
	AQI	25	30.28	75.37	0.27
烟台	$PM_{2.5}$	25	38.21	66.98	0.36
	PM_{10}	46	45.26	58.84	0.46
	O_3	32	58.24	65.58	0.33
	AQI	23	29.17	76.87	0.31
潍坊	$PM_{2.5}$	29	41.72	66.62	0.35
	PM_{10}	48	48.11	58.08	0.42
	O_3	30	54.92	65.18	0.34
	AQI	26	31.59	76.32	0.29
济宁	$PM_{2.5}$	26	40.13	66.57	0.36
	PM_{10}	49	47.85	57.68	0.44
	O_3	31	59.84	64.92	0.34
	AQI	25	30.94	76.02	0.32
泰安	$PM_{2.5}$	24	40.95	67.27	0.35
	PM_{10}	47	47.69	58.58	0.45
	O_3	29	54.97	65.46	0.34
	AQI	26	31.88	76.36	0.3
威海	$PM_{2.5}$	23	37.28	68.04	0.34
	PM_{10}	44	46.38	59.05	0.44
	O_3	32	54.21	66.33	0.33
	AQI	23	29.37	76.84	0.31
日照	$PM_{2.5}$	25	39.51	67.88	0.33
	PM_{10}	46	45.19	58.09	0.42
	O_3	33	53.71	66.14	0.35

城市	预报量	平均绝对误差	平均相对误差/%	级别准确率/%	相关系数
日照	AQI	23	28.76	76.17	0.28
莱芜	PM$_{2.5}$	26	40.04	67.69	0.35
	PM$_{10}$	48	48.37	57.70	0.42
	O$_3$	29	58.24	65.97	0.31
	AQI	26	31.85	76.00	0.29
临沂	PM$_{2.5}$	28	39.67	66.88	0.36
	PM$_{10}$	51	46.92	57.57	0.43
	O$_3$	29	57.22	65.66	0.32
	AQI	28	33.34	75.55	0.33
德州	PM$_{2.5}$	29	42.51	67.04	0.37
	PM$_{10}$	53	49.18	58.31	0.42
	O$_3$	26	59.30	65.82	0.3
	AQI	29	34.61	76.33	0.31
聊城	PM$_{2.5}$	31	41.24	67.22	0.38
	PM$_{10}$	50	50.02	58.59	0.46
	O$_3$	28	26.12	66.61	0.34
	AQI	27	33.94	76.71	0.3
滨州	PM$_{2.5}$	26	40.30	68.02	0.35
	PM$_{10}$	52	48.71	58.73	0.45
	O$_3$	29	55.98	66.92	0.31
	AQI	27	36.25	77.00	0.29
菏泽	PM$_{2.5}$	28	41.02	68.78	0.34
	PM$_{10}$	50	49.24	59.03	0.42
	O$_3$	29	58.31	67.08	0.32
	AQI	28	31.26	77.42	0.29

5　山东省大气环境质量预报预警系统

5.1　系统概述

本章描述山东省大气质量预报预警的架构、运行环境、安装部署、错误异常处理等方面,包括所有计算机软件配置项(CSCI)的概要性描述和实现系统使用的主要技术。

5.1.1　术语

5.1.1.1　计算机软件配置项

缩写:CSCI。

定义:为独立的配置管理(技术状态管理)而设计的且能满足最终用户要求的一组软件,简称软件配置项。

5.1.1.2 计算机软件部件

缩写：CSC。

定义：计算机软件配置项中功能和性质不同的部分。计算机软部件可以进一步分解成其他计算机软部件和计算机软件单元，简称软件部件。

5.1.1.3 计算机软件单元

缩写：CSU。

定义：计算机软部件设计中确定的能单独测试的一部分程序，简称软件单元。是最低层次的软件成分。例如：一个或一组实现某个特定功能的类等。

5.1.1.4 计算机软件模块

缩写：CSM。

定义：计算机软件模块简称模块，指的是逻辑上可以分开的系统成分。泛指逻辑上相对独立的软件成分，如 CSCI、CSC 和 CSU 等。

5.1.2 缩写

其他术语缩写见表 5.1。

表 5.1　其他术语缩写

缩略语	英文名称	注释
Infragistics	Infragistics NetAdvantage for Dot NET	.Net 用户界面控件
API	Application Programming Interface	应用程序接口
C/S	Client/Server	客户端／服务器
B/S	Browser/Server	浏览器／服务器
DBMS	Data Base Management System	数据库管理系统
SQL	Structured Query Language	结构化查询语言
UML	Unified Modeling Language	统一建模语言

5.2　设计依据和约束

5.2.1　开发环境

本系统开发过程中使用的开发语言为 JAVA 集成，开发工具为 Eclipse4.2。

开发环境为 Windows.Net Framework3.5 和 Linux、JDK1.7.0。

5.2.2　系统运行环境

软件环境。本系统服务器端可运行于 Unix、Linux 或 Windows 操作系统下，数据库采用 Oracle11g 关系数据库，网站服务器使用 TomCat 服务器，网页使用 IE8.0 及以上浏览器。

硬件环境。环境在线监测服务器，包括浪潮天梭 TS860 高性能服务器、lenovo- 扬天 A8800k-22、lenovo-E2323swA 台式工作站、lenovo-ThinkPad X250-71、lenovo-ThinkPad X1-Carbon-08 便携式工作站。环境在线监测存储设备使用浪潮 AS5600 存储系统。

5.2.3　性能要求

山东省大气环境质量预报预警系统是一个人机交互系统,用户对人机交互结果的响应时间要求如下:一般数据查询响应时间小于 2 秒,较为复杂的数据处理时间小于 1 分钟,固定制表时间小于 2 秒,并发数 20 台客户端。

5.2.4　其他约束

5.2.4.1　稳定性要求

系统要有应急备份方案,保证在访问达到峰值时或数据遭到破坏时,通过调整、调节和方便的扩展、数据恢复等手段使系统平稳运行。可靠性方面要有合理的冗余处理机制以及要有关键服务器集群和数据备份等技术手段。

5.2.4.2　安全性要求

按照信息安全等级,在不同的信息安全域实

施相应的安全等级保护;对不同安全等级的信息,通过身份认证和访问控制,实现授权访问;同时整个系统具备数据备份、恢复和应急响应等功能。

5.2.4.3 使用性要求

山东省大气环境质量预报预警系统不仅要提供用户所需要的功能,而且要让用户操作方便,符合用户的业务习惯,具体主要体现在用户操作界面以人为本的设计等方面。必须能够满足用户方便、高效、安全地使用信息的要求。

5.2.4.4 可扩展性要求

为适应未来山东省大气环境质量预报预警业务的发展,山东省大气环境质量预报预警系统采用基于组件的体系结构,具有开放性和可扩展性。

5.2.4.5 复用性要求

为了统一系统服务器和客户端的数据解析算法、数据统计及环境大气质量专用算法并减少编码人员的工作量,系统所用的算法需要在客户端及服务器复用。

5.3 系统总体架构设计

5.3.1 总体技术路线

5.3.1.1 总体设计原则

系统构建山东省大气环境数据信息库,面向精细化源清单、多模式集合预报、综合分析与展示、决策支持、预警预报制作、公共信息服务、服务效果评估等业务,为大气质量预报业务人员、管理人员、政府以及社会公众等用户提供业务和服务的支持。系统具有数据类型繁多、数据量大、功能点多且复杂的特点,有较高的效率性、可扩展性、系统稳定性、可维护性和质量控制可靠性。针对系统的以上特点,为满足系统需求,在本系统的总体设计过程中,将遵循以下原则:

5.3.1.1.1 开放性、灵活性与拓展性

系统设计采用的各项设备(软、硬件)均应符合国际通用标准,符合开放性原则,使用的各项技术要与发展的潮流吻合,保证系统的开放性和技术延伸性,与未来的新兴技术应具有良好的亲和性。在系统设计过程中,要充分利用各种先进成熟的技术手段,实现系统的业务延续性、架构一致性和技术兼容性。考虑到基于经济、社会的发展和科学技术

水平的提高,新增气象业务集成、原有业务升级的需要,最大限度地利用现有系统的资源,在保持开放性的前提下提高系统建设的实用性、灵活性与可扩展性。

软件系统结构采用模块化、可插拔的软件构架,使系统能够满足省级和各市业务单位的通用需求和特殊需求,根据不同的需求灵活地进行配置,节约软件开发成本。系统在设计时要充分考虑对数据资料、功能与算法变更的适应性,能通过修改配置文件来定义系统的运行状态与运行模式,灵活地修改和调整系统,实时对系统进行调整而不会影响系统的正常运行。

信息化建设是一个循序渐进、不断扩充的过程,系统采用分层设计和构件化的开发方法,为与其他系统的连接预留接口,为今后系统业务功能(包括新数据格式支持、业务流程与算法、可视化展示等)扩展和集成留有扩充余量。系统建成后要能够在适应目前需求的基础上,满足省级和各市各业务单位近期、中期甚至长期时间范围数据和业务快速增长的需要,充分地为将来可预见的性能扩充留有余地,并具备方便地扩展系统容量、处理能力和支持后续新的大气环境业务部署上线的能力,根据业务发展的需要可以进行灵活调整,实现信息应用的快速部署,在不影响系统总体运行的情况下实现新功能的开发、新业务的集成。

5.3.1.1.2 健壮性、安全与可靠性

系统的健壮、安全与高可靠性是系统一个重要的设计出发点。通过对关键业务部件的集群设计,能够避免单点故障导致系统整体或重要功能的丧失,保证系统每周 7 天每天 24 小时平稳运行,最大限度减少停机时间,提高系统的健壮性。

在保证系统健壮性的同时,还必须保证系统和信息的高安全性。系统在采用硬件备份、冗余、负载均衡等可靠性技术的基础上,运用先进的网络安全控制、访问控制、身份认证等技术防止非法用户的入侵,保证系统在异常情况下正常、可靠地运行;采取系统定期自测和数据定期备份来保证系统和数据的安全可靠;采用相关的软件技术提供较强的管理机制和控制手段,建立便于故障排查、恢复和日常的运行维护的机制,以提高整个系统和数据的安全可靠性。

作为一个重要的业务系统,系统在软件的设计实现上要考虑系统长期运行的安全性和可靠性。软件在运行期间,针对任何一个重要操作,都必须具有判断错误的能力,必要时可以进行恢复性操作,否则要发出报警消息,以便于人工干预。系统

将进入长期业务运行状态后,无论是计算机硬件系统还是软件系统都必须具有较高的可靠性和出现故障后快速恢复的能力。

5.3.1.1.3 稳定性和高效性

根据设备的功能、重要性等特点分别采用冗余、容错、备份等技术,以保证局部的错误不影响整个系统的运行。考虑性能要求及软件质量要求可以保障正常的业务处理逻辑流程,能够最大限度地利用系统资源。设计时充分考虑系统在异常状态下的运行和处理机制,关键环节采取多重冗余保障措施,一旦出现异常,系统能够自动切换,通过备用机制继续运行并及时完成监控和状态报警,在异常状态解除后能自动恢复到正常机制。在发生故障时能够尽快恢复系统,收集和监视系统计算机网络资源的运行状态信息,实现对系统资源的自动监控和报警机制;当主机发生故障时,业务系统自动切换到辅助主机,以保证系统长期、稳定、安全运行。

系统业务存在效率性要求,在进行复杂的格点化预报交互制作等业务时,系统应该能够提供稳定和高速的处理能力。通过采用高效的开发及算法语言、数据库与文件库的优化配置、预置初始化资源池、动态调整作业优先级、动态调整执行作业数、作业负载均衡、硬件合理的冗余配置等措施提高系统的处理时效。同时系统可实现自上而下、集中统一的网络、设备监控和管理。采用先进技术和稳定的设备，将整个系统的数据流动、业务处理和产品加工处理维持在一个均衡高效的指标内，保持系统的整体完备和高效性。

5.3.1.1.4 开放标准、先进性和实用性

系统依据开放标准原则，在定义任何一种协议（包括命名、接口、内容、分类、格式等）时，遵循通行规范和标准。

当今的计算机技术发展日新月异，因此要求选择的方法、技术、工具、设备不仅要保证具有先进性，而且要保证技术方向的正确性和标准化趋势，使得在今后相当长的一段时间内不会因技术落后而大规模调整，并能通过升级保持系统的先进性，延长其生命周期。

同时，应该以注重实用为原则，紧密结合应用的实际需求，在选择具体的方法、技术、工具、设备时一定要同时考虑当前及未来一段时间内主流应用，不要一味地追求新技术和新产品。一方面新的技术和产品还有一个成熟的过程，立即选用时则可能会出现各种意想不到的问题；另一方面，比较新技术的产品价格肯定非常昂贵，会造成不必要的资金浪费。

在系统的数据处理过程中,需要充分考虑利用标准和先进的操作系统、平台软件、成熟框架、通用语言和开发体系来封装服务以进行相关的业务处理,从而避免由于技术升级而带来的不兼容的隐形风险,同时也可以有效提高数据处理的效率。在后台的自动化处理、业务调度、运行监控和专业气象模式计算模块中,将采用基于面向服务思想的架构体系来实现相应的业务功能,提供系统的扩展性。以成熟的数据处理、Web 服务、作业调度、负载均衡集群、地理空间分析、智能关联与人机交互等技术为基础,以开放性、标准化为准则,采用组件式、分层次、服务提供者 / 使用者间定义接口(Service Provider Interface)、容错等设计思想,保证整个应用系统的稳定可靠性和延续性。

5.3.1.1.5 易用性

系统所有功能的设定都应该通俗易懂,系统界面友好、美观大方,操作简单,易学、易用,符合大气质量预报业务人员的使用习惯。制定界面元素布局标准规范及交互设计指南,供以后新建或集成系统时遵循。

5.3.1.2 系统技术路线

从以下几个方面描述系统的技术路线:

　　系统采用多层体系架构,保证功能自顶向下合理分解,实现设计单元的高内聚、轻耦合,使得开发人员可以只关注整个结构中的其中某一层,可以很容易地用新的实现来替换原有层次的实现,降低层与层之间的依赖,有利于系统的标准化,有利于各层逻辑的复用。

　　系统采用 B/S 架构,充分利用高性能服务器的计算性能,保证计算资源要求高、原始数据量大的功能实现快速、高效的运行。

　　系统采用面向接口编程的设计,提供丰富、合理的功能接口,提高编程的灵活性和可维护性,也为后期系统功能的拓展提供接口支撑。

　　系统采用基于面向服务的组件化设计,通过分析系统的应用特点和应用子功能的划分,将功能逻辑单元及流程元素封装成接口明确的、标准化的、与具体实现技术无关的服务组件,并在每个业务服务组件之间定义清晰的接口,通过接口实现业务功能的扩展。组件化设计能有效提高系统的稳定性、灵活性与可扩展性,是软件工程中"高内聚、低耦合"思想的表现,通过组件化结构和松耦合设计结合,系统将拥有开放而富有弹性的平台架构,具备良好的业务扩展性和调整能力,使软件开发根据需求即插即用,很容易地将新的业务功能集成到系统中。

系统将建立安全保障体系和环保信息化标准，有效地保证系统的规范、安全运行。

5.3.2 系统技术架构

基于总体功能的需求分析，进行系统应用和技术需求分析，并结合环保软件系统的设计原则，从系统技术架构和应用架构分别对山东省大气环境质量预报预警系统的总体设计进行说明。

对山东省大气环境质量预报预警系统总体进行层次架构划分，并对每个层次所包含的专项技术进行分析。系统整体划分为6层，分别为展现交互层、接口层、应用服务层、基础支撑层、数据层和硬件层，系统的总体架构如图5.1所示。

图 5.1　山东省大气环境质量预报预警系统总体架构图

通过引入系统面向的 4 类用户，结合平台建设、管理及运营需遵循的环保相关法规和规范，对系统的 6 个层次进行分别细化分析，得到系统的技术应用架构如图 5.2 所示。

5.3.2.1　展现交互层

展现交互层是省级业务人员、市级业务人员、

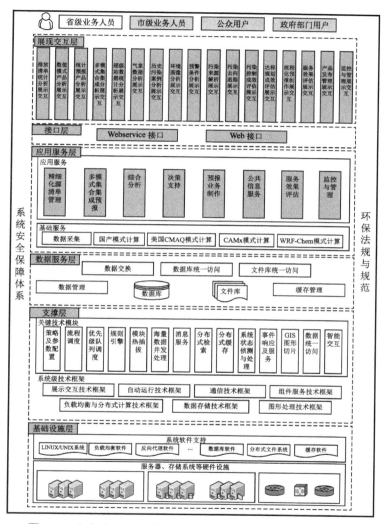

图 5.2 山东省大气环境质量预报预警系统技术应用架构图

公众用户和政府部门与山东省大气环境质量预报
预警系统进行交互的入口,该层包括排放清单统计分析展示交互、数值模式产品分析展示交互、统计预报产品分析展示交互、多模式集合集成分析展示交互、超级站数据统计分析展示交互、气象数据分析展示交互、历史污染案例分析展示交互、环境图像分析展示交互、预警条件分析展示交互、污染来源解析展示交互、污染去向追踪展示交互、污染控制成效评估展示交互、达标规划成效评估展示交互、流程化预报制作展示交互、服务效果评估展示交互、产品发布管理展示交互和监控与管理展示交互。展现交互层接收用户提交的输入请求,通过后端接口层对业务逻辑层的访问,获得并向用户输出可视化响应。

采用 MVC 设计模式,由移动终端应用提供页面请求和请求响应的总体控制,移动终端应用和浏览器提供请求结果响应的可视化显示。实现前端系统的易操作、易维护、安全性以及与后台系统的适度分离。MVC 模式的原理如下:

控制器接收用户的请求,决定应该用哪个模型来处理,并调用模型处理用户请求,模型根据用户请求进行相应的业务逻辑处理,并返回数据,控制器调用相应的视图来格式化模型返回的数据,并通过视图呈现给用户,实现应用程序的输入、处理和输出分开。其技术框架示意图如图 5.3 所示。

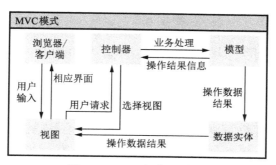

图 5.3 MVC 框架示意图

其中,视图是用户看到并与之交互的界面,它向用户显示相关的数据,并能接收用户输入的数据,但不进行任何实际的业务处理。控制器接受用户请求并调用模型和视图来完成用户的需求。模型表示业务数据和业务逻辑。

5.3.2.2 *接口层*

接口层为访问系统应用服务提供统一的接口,按应用类型可分为两部分:网站应用 Web 端接口和对外部系统提供的 WebService 接口。

Web 接口:系统将应用服务封装成符合 J2EE 规范的接口,供 Web 端页面调用。

WebService 接口:根据业务需要将应用服务封装成基于简单对象访问协议(Simple Object Access Protocol)的 WebService 接口,供其他外部系统调用。

5.3.2.3 应用服务层

应用服务层接收从前端输入的用户请求,将其转化为业务逻辑过程能够理解的方式,根据特定的业务逻辑有序地向数据层发送数据请求,并将数据层返回的数据解释及组合成用户所需信息,通过接口层返回给展现交互层,是整个应用软件系统中业务逻辑的实现和处理核心。同时,应用服务通过内在智能关联服务进行自学习和分析后进入大气质量分析和监控预警信息的主动推送。根据功能服务的不同可将该层分为基础服务和应用服务两层。

5.3.2.3.1 基础服务

基础服务层主要包括数据采集、各种统计预报模型服务和数值模式预报服务等,该层为上层服务提供计算所需的数据和产品资源。

5.3.2.3.2 应用服务

应用服务是应用服务层的核心,在基础服务层提供的各种气象、环保数据和统计预报输出产品基础上进行业务处理,并返回用户所需的数据和产品,包括精细化源清单管理、多模式集合预报、综合分析、决策支持、预报业务制作、环境管理和公共信息服务、服务效果评估和监控与管理等。

应用服务层采用基于组件化架构思想进行设

计,即将系统的业务功能单元封装成各个相对独立又互相联系的功能组件,通过支撑层的调度控制、各功能组件相互配合,协作完成系统的各项任务。

5.3.2.4 数据服务层

数据服务层对数据进行管理,并向应用服务层提供标准化的开放访问接口。主要功能包括数据交互、数据库统一访问、文件库统一访问、缓存管理和数据管理。

数据存储层物理上包括数据库和文件库两部分。数据库存储系统所需的大气环境观测站点数据、系统基础信息、配置信息、业务流程信息、监控信息等结构化数据。文件库存储本系统所生成的各类相关的图形、报表、文字产品等非结构化数据。

在环境监控系统基础上,制定统一的数据标准规范,建设适用于本项目的数据交换平台,实现数据交换、数据比对和数据清洗等功能,保证来自不同的业务管理部门的数据能够统一交换到系统数据库中。

系统为加快上层访问数据存储层数据／文件的速度,在数据库与文件库物理存储基础上使用缓存机制。数据存储层为系统提供对缓存进行管理的功能,在此基础上,分别对数据库和文件库进行统一的接口封装，为应用服务层提供统一的数据访问接口。

数据存储层为系统提供数据创建、数据存储、数据查询、数据更新、数据删除、数据安全、事务支持、数据备份／恢复等数据管理功能。

5.3.2.5 支撑层

支撑层描述了实现系统所使用的技术框架和所采用的关键技术，为应用功能层的各个功能模块、业务组件起支撑和组织的作用。支持层包括两部分：系统级技术框架及关键技术模块。

系统级技术框架描述支撑整个系统应用功能所使用的技术架构，主要包括展示交互技术框架、自动运行技术框架、通信技术框架、组件服务技术框架、负载均衡与分布式计算框架、数据存储技术框架和图形处理框架。

关键技术模块指构建系统级技术框架中所采用的技术，主要包括多策略及参数配置技术模块、流程调度技术模块、优先级队列调度技术模块、规则引擎技术模块、模块热插拔技术模块、海量数据并发处理技术模块、消息服务技术模块、分布式检索技术模块、分布式缓存技术模块、系统状态侦测与处理技术模块、事件响应及服务技术模块、GIS

图形切片技术模块、数据统一访问技术模块、智能交互技术模块。

5.3.2.6 基础设施层

基础设施层为系统提供基础的软件和硬件支撑平台，包括系统软件以及服务器、存储系统等硬件设施。其中，系统软件分为操作系统软件（Linux操作系统、Unix操作系统）、数据库软件、分布式文件系统软件等；硬件设施分为各种服务器资源（如计算资源、数据库资源、文件资源）以及存储资源（如磁盘阵列）。同时，从可靠性上考虑，采用集群与双机热备技术，避免单点故障。

基础设施层主要通过虚拟化技术实现对计算资源、存储资源和网络资源的统一管理，构建一个稳定、可拓展并且高效的系统运行环境。

5.3.2.7 系统安全性保障体系

系统安全性保障体系主要是从保证信息系统的安全性角度，从系统级安全、访问安全、运行安全以及数据安全等方面对系统的安全性进行保障。

5.3.2.8 环保法规与规范体系

环保法规与规范体系保证了山东省大气环境质量预报预警系统在建设过程中采用数据应用领

域的标准技术,同时严格按照国家及行业有关规范来进行设计和建设。在信息规范化方面,制定并严格执行数据命名规范、数据格式规范和其他相关规范。

5.4 系统架构设计

通过对几种架构视图的多个角度描述,对山东省大气环境质量预报预警系统进行架构分析设计,目标是在满足系统主要功能需求的基础上,同时满足其他非功能性需求,如可靠性、时效性和扩展性。

5.4.1 系统结构设计

山东省大气环境质量预报预警系统的结构设计将根据山东省大气环境质量预报预警系统的功能需求,通过分解、抽取、封装、组合等方法对山东省大气环境质量预报预警系统进行功能分析设计,得出系统的配置项和部件,并建立山东省大气环境质量预报预警系统的逻辑视图。以下对山东省大气环境质量预报预警系统的逻辑视图进行详细说明。

5.4.2 配置项划分原则

山东省大气环境质量预报预警系统的逻辑架

构中软件配置项的划分参考 NASA 给出的软件配置项划分原则（NASA Software Configuration Management Guidebooks，1995），主要的原则如下：

该软件集合是独立设计、实现和测试的；

该软件集合对系统是关键的，或存在高风险的，或关系到安全性；

该软件集合极为复杂，涉及高新技术，或有严格的性能要求；

该软件集合与其他现有软件项目或由其他机构提供的软件之间有直接接口；

预计该软件集合在成为可运行软件之后会有比常规软件更多的修改；

该软件集合囊括了某个特定范围的功能，如应用软件、操作系统等；

该软件集合安装在与系统其他部分不同的计算机平台上；

该软件集合的运行模式或使用方式与系统其他部分有明显区别特征；

该软件集合被设计成可重复使用的。

5.4.3　配置项划分及描述

根据配置项划分的原则，结合山东省大气环境质量预报预警系统功能以及该系统的运行环境和软件开发的合理性,将山东省大气环境质量预报预警系统的业务逻辑控制功能划入业务处理配置项,业务处理流程的生成和逻辑控制通过业务处理配置项实现。

按照集约化、自动化、规范化、标准化、开放性、可靠性等基本原则,并综合考虑实施的可行性与通过对山东省大气环境质量预报预警业务需求的分析,将系统划分为 10 个配置项:大气环境数据信息库管理、精细化源清单管理、多模式集合预报、综合分析、决策支持、产品展示、预报业务制作、环境管理和公共信息服务、服务效果评估和监控与管理。

山东省大气环境质量预报预警系统配置项的划分如图 5.4 所示。

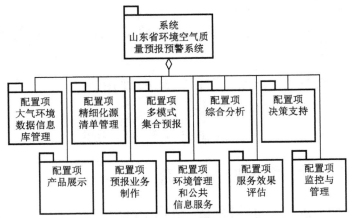

图 5.4　山东省大气环境质量预报预警系统配置项划分示意图

每个配置项的基本组成、划分原则及功能描述见表5.1。

表 5.1 配置项划分一览表

序号	配置项	功能描述
1	大气环境数据信息库管理	包括数据库建设、数据采集、数据规整处理、数据存储、数据管理、数据监控6个部分。提供统一的数据库访问服务和文件库访问服务,并提供数据库和文件库的备份、恢复功能
2	精细化源清单管理	包括多源异构源清单管理、清单动态更新、动态模式源清单格点化生成、污染源监测、污染源清单统计分析5个部分。实现对各种排放源清单分地域、分部门、分行业的录入、查询、修改等操作
3	多模式集合预报	包括数值模式预报、统计预报、多模式集合集成预报、客观预报检验分析4个部分。集成各模式优势,使预报员可以参考对比多种模式结果,对模式通过一定时间的本地化驯化和参数调试,生成多样化的预报产品
4	综合分析	包括空气监测数据统计分析、数值模式产品数据分析、统计预报产品数据分析、多模式集合集成数据分析、超级站数据统计分析、大气条件数据分析、历史污染案例分析、环境图像分析、预警条件分析、物理量产品处理与分析、数据融合分析、数据相关性分析、数据趋势分析、数据对比分析14个部分。综合分析融合环境监测数据、气象条件数据和污染源数据,建立反映山东省本地特征的污染过程分析
5	决策支持	包括污染来源解析、污染前后向追踪、减排措施库管理、污染控制成效快速评估、达标规划成效快速评估5个模块。对污染物的扩散提供追踪分析。提供重天气污染减排措施与方案管理、大气质量达标规划与方案管理,以及对减排方案的减排效果进行情景模拟与评估

序号	配置项	功能描述
6	产品展示	包括大气质量监测数据展示、超级站监测数据展示、大气条件展示、卫星遥感数据展示、统计预报结果展示、数值预报结果展示、重污染预警信息展示、污染源分布情况展示、污染来源解析情况展示、污染去向追踪情况展示、污染控制成效快速评估结果展示、达标规划快速评估结果展示12个部分。根据业务时间规则从数据中心获取大气质量数据,并通过丰富的产品进行展示
7	预报业务制作	包括预报流程管理、预报预警分析、预报预警制作、预报回顾与评估、预报结果管理和预报案例管理6个部分。覆盖预报分析、预报制作、预报检验与评估的全流程。通过产品模板化、智能推荐等快捷、便利的技术,辅助预报员进行大气质量预报制作
8	环境管理和公共信息服务	包括产品分类解析与一键式发布、产品发布引擎与渠道接口、产品发布与报送管理3个部分。提供统一的决策支持产品、预报产品共享、报送、发布功能
9	服务效果评估	包括预报评估、决策评估2个部分。实现对预报产品、决策支持产品的效果进行评估
10	监控与管理	包括系统运行监控、用户角色权限管理、业务流程管理、日志管理和个性化设置5个部分。服务于运维人员,为保证系统的正常运行提供维护平台

5.4.3.1　大气环境数据信息库管理配置项

该配置项包括数据库建设、数据采集、数据规整处理、数据存储、数据管理、数据监控6个部分。提供统一的数据库访问服务和文件库访问服务,并提供数据库和文件库的备份、恢复功能。其层次结构见图5.5,功能描述见表5.2。

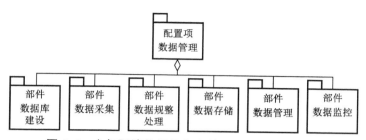

图 5.5   大气环境数据信息库管理置项层次结构图

表 5.2   大气环境数据信息库管理配置项部件表

功能部件	功能描述
数据库建设	用于有效存储和管理各种地理空间数据、常规监测数据、超级站数据、气象观测数据、卫星遥感数据、模式数据以及排放源清单数据等各类数据
数据采集	实现与已有的大气自动监测系统监控平台等的对接,读取在线常规监测数据,污染源监测数据,大气环境遥感数据等其他现有系统数据的读取,采集气象局交换的数据,接入其他官方发布网站大气质量数据
数据规整处理	对大气环境与气象数据以及其他相关业务数据进行识别、解析、根据质量控制规范对采集的数据资料进行实时的质量控制,设置每个数据项的质量控制方法,生成带有质量控制后的数据产品并记录数据规整处理过程中各环节的日志信息。对同一类的数据形成统一的规范数据,包括文件级规整处理、数据解析、数据级规整处理和基本统计规整
数据存储	提供数据库和文件库的底层封装,为数据库和文件库的管理提供良好的自动化工具和服务。包括数据缓存管理、数据入库、数据归档、数据回取、数据备份、数据恢复和数据清除等
数据管理	通过标准数据访问接口,包括数据库和文件库访问接口对外提供底层数据访问支持;同时通过资料访问接口和产品访问接口,对外提供指定类型的数据,更方便业务人获得所需数据
数据监控	为大气环境与气象数据传输,以及数据交换等过程进行监控;对数据采集、传输、规整处理、入库的全过程进行实时监控。掌握数据流转过程的运行状态,及时发现问题并发出告警信息

5.4.3.2 精细化源清单管理配置项

该配置项包括多源异构源清单管理、清单动态更新、动态模式源清单格点化生成、污染源监测、污染源清单统计分析 5 个模块。按照国家制定的大气污染物排放清单编制技术规范，建立预报预警区域范围内、满足数值预报需要、满足污染追因和减排效果快速评估等决策支持需要的精细化源清单管理数据库，包括固定燃烧源、工业过程源、移动源、溶剂产品使用源、农业过程源等各类污染源，污染物涵盖 SO_2、NOx、PM_{10}、$PM_{2.5}$、$VOCs$、CO、NH_3 等主要污染物。采用 SMOKE 模型对源清单数据进行网格化处理，并按照与数值预报一致的嵌套网格区域设置提供三层网格化排放源清单处理，结合 GIS 实现排放源和排放数据的可视化展示功能。其层次结构见图 5.6，功能描述见表 5.3。

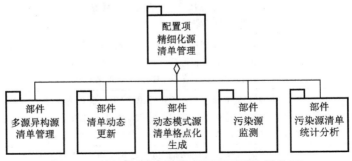

图 5.6 精细化源清单管理配置项层次结构图

表5.3 精细化源清单管理配置项部件表

功能部件	功能描述
多元异构源清单管理	提供符合国家规范的排放源清单的管理功能,实现对不同来源、不同行业清单数据的格式转换和快速更新,提供污染源清单分地区、分部门、分行业的录入、导入、修改、删除、查询等操作,同时对所有的操作过程进行日志记录。包括对点源、面源、移动源污染清单等的管理
清单动态更新	按照不同来源数据的更新频率,实现各污染物排放量、时空分布、化学成分的动态更新,增强污染源清单处理的效率,缩短清单制作周期,提高大气质量预测模型的准确性和实用性
动态模式源清单格点化生成	根据业务时间条件、空间类型条件,获取指定时间、指定区域的动态模式源清单数据,采用SMOKE模型对源清单数据进行网格化处理,并按照与数值预报一致的嵌套网格区域设置提供三层网格化排放源清单处理,自动根据源清单生成预报模式所需要的网格化清单数据
污染源监测	根据业务时间条件、空间类型条件,从数据中心获取指定时间、指定区域的污染源排放监测数据,包括SO_2、NOx、PM_{10}、$PM_{2.5}$、$VOCs$、CO、NH_3等主要污染物排放量和污染源贡献率
污染源清单统计分析	污染源清单统计分析提供山东省各省辖城市排放总量、排放企业的分析汇总,实现各污染物分部门分区域统计分析、分部门分行业统计分析、空间分布分析

5.4.3.3 多模式集合预报配置项

该配置项包括数值模式预报、统计预报、多模式集合集成预报、客观预报检验分析4个模块。集成各模式优势,使预报员可以参考对比多种模式结果,对模式通过一定时间的本地化驯化和参数调试,选取能够进行污染来源追因和监测数据同化的模型为主,其他模式为辅。利用 GIS 技术、计算机图形学、数据库等技术对各种预报结果进行加工和后处理,生成 AQI 常规预报、未来 3～7 天污染趋势预报、各种污染物浓度预报、分段预报、沙尘预报、能见度预报等多样化的预报产品,其层次结构见图 5.7,功能描述见表 5.4。

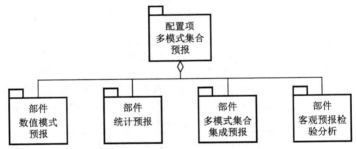

图 5.7　多模式集合预报配置项层次结构图

表 5.4　多模式集合预报配置项部件表

功能部件	功能描述
数值模式预报	根据预报的气象参数和预报时段中污染源的状况,集成多种大气质量预报模式,包括 WRF-chem、CMAQ 和 CAMx 3 种国外模式,以及中科院 NAQPMS 模式,使用适合山东地区的污染源清单数据、直温度分布、水平风场特征、风速廓线、大气稳定度等气象因子计算获得浓度的预报值
统计预报	使用包括历史数据分析与分类、多元回归统计分析、卡尔曼滤波统计分析、神经网络统计分析在内的多种统计分析方式,获得针对山东省范围内的大气污染物浓度预报值
多模式集合集成预报	结合多模式集合集成预报思想,对 WRF-chem、CMAQ、CAMx 及 NAQPMS 等模式系统的预报结果进行集成。集成各模式优势,采取算数平均、权重因子、偏差订正、多元回归和神经网络等多种方法计算各项预报值

功能部件	功能描述
客观预报检验分析	通过重污染天气漏报率、重污染天气空报率、TS 评分、预报正确率、平均绝对误差、均方根误差、相关系数、SAL 检验、属性判别法、尺度分离法、邻域法、形变法、ROC 分析、连续分级概率评分等方法检验数值模式预报以及统计预报的结果

5.4.3.4　综合分析配置项

该配置项包括空气监测数据统计分析、数值模式产品数据分析、统计预报产品数据分析、多模式集合集成数据分析、超级站数据统计分析、大气条件数据分析、历史污染案例分析、环境图像分析、预警条件分析、物理量产品处理与分析、数据融合分析、数据相关性分析、数据趋势分析、数据对比分析14 个模块。通过指标算法、融合算法、数据处理算法、物理量计算以及概念模型等方法，融合环境监测数据、气象条件数据和污染源数据，建立反映山东省本地特征的污染过程分析，对空气监测数据、超级站数据、气象数据、预报数据、历史污染案例、环境图像、预警条件进行统计、分析、查询、应用和融合分析，深入探究预报结果不确定性产生的原因，提高模式预报的准确度，提供客观的预报支撑技术。其层次结构见图 5.8，功能描述见表 5.5。

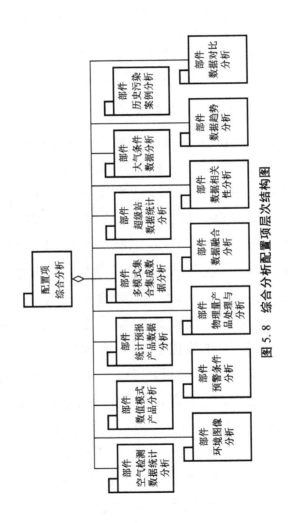

图 5.8 综合分析配置项层次结构图

表 5.5　综合分析配置项部件表

功能部件	功能描述
空气监测数据统计分析	用于 SO_2、CO、PM_{10}、$PM_{2.5}$、NO_2、O_3 等常规污染物的实时监测数据的统计分析。包括不同时间粒度（小时、滑动 24 小时、自然日、周、月、季、年、任意）、不同空间尺度（全国、京津冀及周边地区、山东省、市、县）、不同等级站点的监测数据的查询及报表生成以及针对国家规范评价、臭氧污染等专题的统计分析
数值模式产品数据分析	选用 CMAQ、CAMx、WRF-chem 和 NAQPMS 模式分析区域污染形势、点位浓度变化情况、以及未来 7 天的常规污染物浓度变化情况
统计预报产品数据分析	包括全监测网络站点预报、AQI 预报以及相关统计查询功能。根据站点的地理信息，系统可自动形成预报数据集合并建立模型，实现监测网络内所有站点的大气质量预报分析。实现 PM_{10}、$PM_{2.5}$、O_3、SO_2、NO_2、CO 等标准污染物的预报，并根据我国现行大气质量日报技术规范，预报计算各项污染物浓度、AQI、指数、首要污染物
多模式集合集成数据分析	基于 NAQPMS、CMAQ、CAMx 和 WRF-Chem 等模式的多个原始模式站点预报值和浓度观测值，通过算数平均、权重因子、偏差订正、多元回归和神经网络等多种方法计算得出的浓度集合与预报值的关系
超级站数据统计分析	提供大气的物理性质、化学成分、光学特性、气象参数等四大类监测数据的对比分析。可以监测粒径从 1 μm 到 100 μm 的颗粒物、各种结构的挥发性有机物、多种气态污染物、不同波长的太阳辐射强度等 101 项指标，监测范围能覆盖到空气中的大多数成分，还能结合激光雷达实现高空立体观测
大气条件数据分析	包括气象站点监测数据、外部天气图、站点气象要素预报和天气预报图等多方面的分析，展示大气环境监测数据所对应的气象条件
历史污染案例分析	将基于数据挖掘和模式识别技术对沙尘型、秸秆焚烧型、光化学型、雾霾型、传输型等，依托历史天气演变图、污染形势演变图、污染数据分析结果等实现对重污染案例的形成、发展、演变、结束全过程分析，供预报员在类似天气条件下预报参考

续表

功能部件	功能描述
环境图像分析	根据业务时间条件、空间类型条件,从数据管理与监控系统获取任意时间段内单点或多点的模式数据,通过分层次分析的方式,分别从地域(城市和点位),从空间(全国、华东、山东),从地势(平面图和剖面图)3个方面分析,并结合GIS、渲染图等方式展现
预警条件分析	基于常规观测数据、气象数据和统计预报数据,依托图形图像识别、概念模型识别、阈值识别等方法,对重污染过程进行客观识别,将识别结果以色斑图、表格、符号图等形式进行显示,并借助显示符号、表格、声音等多种告警预警手段为业务人员提供重污染告警预警信息,提高客观告警预警能力
物理量产品处理与分析	包括常用指数类产品处理与分析、温湿特征量类产品处理与分析、层结稳定度类产品处理与分析、热力动力综合类产品处理与分析、有效能量类产品处理与分析、特殊高度厚度类产品处理与分析、诊断分析类产品处理与分析7个子模块,基于温度、湿度、气压、露点温度等基础天气要素数据,进行物理量计算,并利用产品加工引擎将物理量分析结果加工成可视化图形产品
数据融合分析	通过叠加分析、融合分析、剖面分析、扩散分析等算法,融合气象数据、空气监测数据、超级站数据提供综合产品便于预报员深入挖掘数据之间的内在关系,提供分析效率。包括气象数据与空气监测数据融合分析、空气监测数据扩散分析和气象数据与超级站数据、大气质量预报或模式数据剖面分析
数据相关性分析	通过Pearson相关分析、spearman相关分析等相关性算法对气象数据与污染物数据之间的时空或特征上的相关性进行分析
数据趋势分析	根据气象数据与污染物数据之间的时空或特征上的趋势变化,分析大气污染物浓度的变化趋势
数据对比分析	通过柱状图、折线图、散点图、地图等展现方式对大气环境数据进行对比,分析污染物之间、污染物与气象条件、污染物与地理空间之间的关系

5.4.3.5　决策支持配置项

该配置项包括污染来源解析、污染前后向追踪、减排措施库管理、污染控制成效快速评估、达标规划成效快速评估 5 个模块。实现预测未来 3～7 天山东省及周边不同地区、不同行业、不同时间污染源排放对山东省大气质量的贡献量和贡献率，以及对主要污染物浓度的影响程度和影响范围相关分析，对污染物的扩散提供追踪分析。提供重天气污染减排措施与方案管理、大气质量达标规划与方案管理，以及对减排方案的减排效果进行情景模拟与评估，通过大气质量模型情景模拟筛选出最佳污染减排方案并评估大气质量改善效果。其层次结构见图 5.9，功能描述见表 5.6。

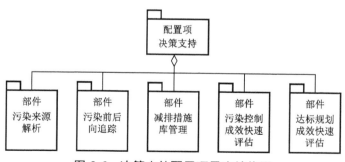

图 5.9　决策支持配置项层次结构图

表 5.6　决策支持配置项部件表

功能部件	功能描述
污染来源解析部件	通过化学、物理学、数学等方法定性或定量识别环境受体中大气颗粒物污染的来源。主要包括源清单法、源模型法和受体模型法等方法
污染前后向追踪部件	采用拉格朗日方法，以跟随流体大气移动的污染物粒子的角度描述污染物的浓度及其变化。应用污染团后向（前向）轨迹的算法和示踪的方法追踪相关污染物，在地图上直观展示任意地点的污染团扩散轨迹，分析区域污染的跨界扩散与迁移规律、路径和相互影响程度
减排措施库管理部件	对各项减排措施管理及减排方案定义。减排措施管理针对山东现有的污染排放源估算减排措施对大气污染物的影响；减排方案定义提供减排措施自定义组合功能，生成动态大气污染减排方案库
污染控制成效快速评估部件	包括重污染应急预案管理与情景模拟、排放源关停实验方案管理与情景模拟、污染源敏感性分析方案管理与情景模拟、区域输送影响方案管理与情景模拟、污染控制成效快速评估。通过不同减排方案污染排放数据对比、多模式预报对比和统计分析等方法对达成规划成效进行评估，模拟污染控制前后的大气质量改善情况，评估改善效果，以及对 GDP 的影响
达标规划成效快速评估部件	达成规划成效评估通过不同减排方案污染排放数据对比、多模式预报对比和统计分析等方法对达成规划成效进行评估。用不同减排情景和不减排情景对比的情景分析法评估是否减排及不同减排方案下环境大气质量及各污染物的浓度，反映污染减排方案的环境效果

5.4.3.6　产品展示配置项

该配置项包括大气质量监测数据展示、超级站监测数据展示、大气条件展示、卫星遥感数据展示、统计预报结果展示、数值预报结果展示、重污染预警信息展示、污染源分布情况展示、污染来源解析情况展示、污染去向追踪情况展示、污染控制成效快速评估结果展示、达标规划快速评估结果展示 12 个模块。根据业务时间规则,从数据中心获取大气质量监测数据、超级站监测数据、大气条件数据、卫星遥感数据、统计预报结果、数值预报结果、重污染预警信息、污染源分布情况、污染来源解析情况、污染去向追踪情况、污染控制成效快速评估结果、达标规划快速评估结果进行 GIS 展示,并采用渲染、插值、叠加等方法实现多种效果。其层次结构见图 5.10,功能描述见表 5.7。

表 5.7　产品展示配置项部件表

功能部件	功能描述
大气质量监测数据展示	提供不同地域尺度下(全国、京津冀及周边地区、山东省、市、县)国控监测站、区域站与背景站的常规污染物监测数据的展示功能
超级站监测数据展示	展示超级站监测的大气的物理性质、化学成分、光学特性、气象参数
大气条件产品展示	提供气象监测数据的变化趋势,区域范围内的气象遥感图片信息,外部气象态势图及历史气象预报资料,站点各气象要素的趋势和天气形势预报图、站点预报图等,实现各种地图符号、线形、填充处理以及半透明、渐进填充等配制效果优化功能
卫星遥感数据展示	通过定时接收指定时间、指定区域的高分系列卫星影像数据,进行图片数据解析,实现秸秆焚烧、霾和沙尘的遥感观测展示

功能部件	功能描述
统计预报产品展示	包括分形分析结果展示、多元回归统计分析结果展示、卡尔曼滤波统计分析结果展示、神经网络统计分析结果展示、预报动态检验结果展示和最优统计预报分析结果展示6个部分。根据业务时间条件、空间类型条件通过空间分布、统计图表、时间变化曲线等多种数据表现方式对预报产品进行展示
数值预报产品展示	通过集成国际上先进的大气质量预报模型，搭建多模型大气质量预报系统，以邮票图、时序图的方式呈现，供用户基于时间、数值预报模式的查询浏览。主要包括WRF、WRFchem、CMAQ、CAMx、NAQPMS等模式的产品展示、多模式集合预报产品展示、多模式对比结果展示
重污染预警信息产品展示	从数据中心获取指定时间、指定区域的监控数据，并进行相应的业务处理，生成相应指标的业务结果数据，针对任意污染物设置报警限值，系统自动发送预警信息
污染源分布情况展示	依据模式计算结果，预报未来3天山东及周边不同地区、不同行业污染源排放对山东大气质量的贡献量和贡献率，以分布图产品方式展示
污染来源解析展示	预报未来3天的主要污染物浓度按行业、按地域来源分布情况，以GIS、饼图、直方图、折线图等不同产品方式进行展示
污染去向追踪展示	预报未来3天的主要污染物浓度的影响程度和影响范围，以GIS、饼图、直方图、折线图等不同产品方式进行展示
污染控制成效评估展示	提供污染天气污染减排措施与方案管理以及对减排效果的情景模拟与评估功能，通过大气质量模型情景模拟筛选出最佳污染减排方案。通过WebGIS及统计图表等形式展示污染物浓度的时空变化情况
达标规划评估展示	自动分析对比环境观测与情景模拟结果，通过WebGIS及统计图表等形式展示基准大气质量、减排方案实施大气质量预测、大气质量实况的对比效果

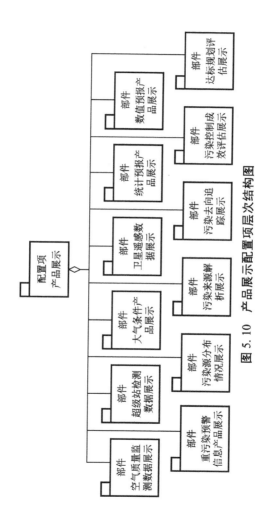

图 5.10　产品展示配置项层次结构图

5.4.3.7 预报业务制作配置项

该配置项包括预报流程管理、预报预警分析、预报预警制作、预报回顾与评估、预报结果管理和预报案例管理 6 个模块。基于用户权限与业务流程管理配置,将各部门日常的预报制作业务进行有机地整合,面向各类产品模板自动加载最优预报底板数据,并提供相应的订正修改和辅助制作工具。其层次结构见图 5.11,功能描述见表 5.8。

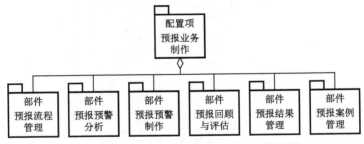

图 5.11 预报业务制作配置项层次结构图

表 5.8 预报业务制作配置项部件表

功能部件	功能描述
预报流程管理	根据不同时期的不同天气状况、不同影响因素为预报员在预报业务制作过程中提供定制化的分析与制作过程
预报预警分析	通过专家经验与用户行为分析等手段,为产品交互制作提供统一的参考信息,包括大气质量监测数据、气象要素、数值模式的预报结果、集合预报数据、统计预报数据、参考产品集、统计预报检验结果以及历史背景资料等信息分析与总结

续表

功能部件	功能描述
预报预警制作	提供省、市协同预报,按照统一的预报指导产品共同形成区域和城市预报。由区域预报制作、城市预报制作、重污染天气监测预警制作、预报修订与审批、预报预警产品发布5个部分组成
预报回顾与评估	统计人工预报以及数值模式预报结果在一段时间内的准确率
预报结果管理	对预报制作预报结果维护。实现了对预报结果信息的查询、备份等操作
预报案例管理	对预报案例库维护。实现了对预报案例信息的查询、备份等操作

5.4.3.8 环境管理和公共信息服务配置项

该配置项包括产品分类解析与一键式发布、产品发布引擎与渠道接口、产品发布与报送管理3个模块。以类百度文库方式检索和展示区市县制作的各类大气质量、环境气象产品,从而实现产品平台共享。其层次结构见图5.12,功能描述见表5.9。

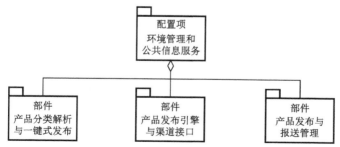

图 5.12 环境管理和公共信息服务配置项层次结构图

表 5.9　环境管理和公共信息服务配置项部件表

功能部件	功能描述
产品分类解析 与一键式发布	对服务产品按类别进行分类解析、分发调度、并一键发布给指定的服务对象
产品发布引擎 与渠道接口	提供统一的服务产品共享和发布功能。服务产品共享以共享门户网站的方式,提供服务产品的检索下载和订阅分发等功能;服务产品发布面向微博、微信、手机短信、APP等各类载体,提供统一的信息分类与发布引擎,实现服务产品的一键式自动化发布
产品发布与 报送管理	对服务发布共享系统发布的服务产品提供产品入库、查询检索、修改订正、删除等功能

5.4.3.9　服务效果评估配置项

该配置项包括预报评估、决策评估 2 个模块。对预报产品、决策支持产品的效果进行评估。其层次结构见图 5.13,功能描述见表 5.10。

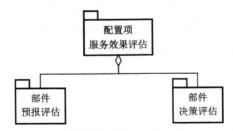

图 5.13　服务效果评估配置项层次结构图

表 5.10　服务效果评估配置项部件表

功能部件	功能描述
预报评估	将预报数据和实况数据进行对比,通过偏差、误差等统计方法进行检验统计,并将有代表性的预报案例保存在典型天气预报库中

功能部件	功能描述
决策评估	检验污染控制成效快速评估方案、达标规划成效快速评估方案的减排量是否合理和减排效果是否达到预期效果,并评估决策方案的社会经济效益

5.4.3.10 监控与管理配置项

该配置项包括系统运行监控、用户角色权限管理、业务流程管理、日志管理和个性化设置5个模块,为保证业务系统的正常运行提供维护平台,并提供系统软、硬件运行状态监控、系统异常告警、系统使用情况统计分析等功能。其层次结构见图5.14,功能描述见表5.11。

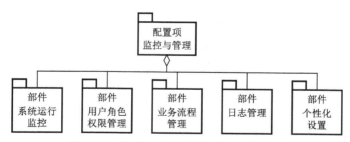

图 5.14 监控与管理配置项层次结构图

表 5.11 监控与管理配置项部件表

功能部件	功能描述
系统运行监控部件	对系统运行中各个环节的状态进行监控管理,当某环节出现问题时,可及时通知维护人员或管理员对问题进行快速地排查解决,保障系统的稳定运行

功能部件	功能描述
用户角色权限管理部件	构建适用于环保行业的用户－角色－权限体系,将角色映射为岗位、权限映射为任务,实现了任务分配到岗位,人员按照日常排班轮流分配到各岗位的管理功能
业务流程管理部件	构建适用于环保行业的业务流程方式,将包括涉岗位人工制作任务和后台自动运行任务,实现了业务功能的流程化
日志管理部件	为系统提供集中统一的日志管理平台,实现对机房设备运行日志、服务器运行日志、网络监控日志、系统运行日志和用户操作日志的查询和下载功能
个性化设置部件	提供面向用户的定制功能,实现对登录后跳转的业务页面、菜单的自定义设置、系统页面的显示风格、系统首页的内容自由定制、个人收藏和产品显示定制等功能

5.4.4 物理部署设计

山东省大气环境质量预报预警系统采用服务器部署方式直接进行部署。

5.5 出错处理设计

5.5.1 错误处理设计原则

错误处理是系统不可缺少的内容,我们考虑设计一个可伸缩性的通用错误处理机制来满足实际需要。系统出错处理设计的原则包括以下几个方面。

5.5.1.1 统一的错误处理机制

采用统一的错误处理机制,将遍布于系统的各部分的错误提示和错误处理,形成统一的风格,减少冗余的代码,便于系统和代码的维护。

5.5.1.2 错误类型分离机制

为了区别工作逻辑错误和软件错误,系统将错误类型分为业务错误和软系统错误两种类型,工作逻辑错误是由于业务人员操作不当所致,非系统本身的错误;软件错误为系统软件可能产生的错误。

5.5.1.3 错误处理方式的可伸缩性和多选择

在软件的开发过程中,错误处理方式多种多样,不同的错误也需要不同的错误处理方式,因此,在开发前需要设计一个统一的错误处理机制,错误处理方式是可伸缩的,并且是可多选择的。

5.5.1.4 错误信息的可维护性

对系统中的错误信息,除了要满足相应的错误处理需要,也要便于软件开发和后期维护准确定位出错问题,利于对系统和代码的调适与维护。

5.5.2 错误处理设计方法

基于上述章节的错误处理设计原则,我们考虑采用如下的错误处理设计方法。通过动态读取错误配置文件,动态添加或者使用所需的错误处理方式。

　　山东省大气环境质量预报预警系统中的错误检测点通过各单元模块程序本身的异常处理机制,捕获到模块中的错误后,创建相应的错误消息对象,每一个抽象错误消息类包括基本的错误信息(错误产生的模块名、类名、错误提示信息等基本信息),我们可以通过动态读取错误处理的配置文件来添加错误处理方式信息,作为此错误消息类的属性。错误处理控制类则负责根据客户端选择的不同处理方式,调用相应的方法进行处理。错误解析类解析错误配置文件。错误处理方法工作流程见图 5. 15。

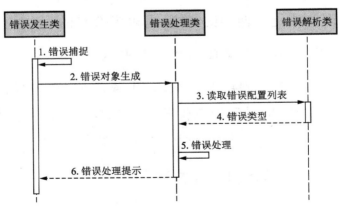

图 5. 15　错误处理方法工作流程图

错误处理的方法,常用的有写入系统日志、弹出错误信息、写入数据库、发送即时消息等等。通过错误处理配置文件,用户可以自己选择错误信息的输出格式、内容以及错误处理方式,同时,新的错误处理方式只要修改配置文件,也减少了出错处理代码的编写。

各类可能的错误或故障出现是系统输出信息的形式,含义和处理方法见表 5.12、表 5.13。

表 5.12 系统异常一览表

异常 类型	异常名称	异常 编码	是否保 存日志	是否抛向 客户端
业务处 理异常	登录异常	1001		是
	权限配置异常	1002		是
		1003		
	设备管理异常	1004		是
		1005		是
数据解 析异常	文件名匹配异常	2001	是	是
	文件解析异常	2002	是	是
	文件不存在	2003	否	
	文件读取异常	2004	是	是
算法 异常	算法输入异常	3001	否	是
	算法计算异常	3002	否	是
	算法输出异常	3003	否	是
自动运 行异常	自动运行初始化异常	6001		
	调度器基类异常	6002		

续表

异常类型	异常名称	异常编码	是否保存日志	是否抛向客户端
自动运行异常	克隆表达式解析异常	6003		
	自动运行参数解析异常	6004		
数据库异常	数据库连接错误	4001	是	是
	数据库连接数错误	4002	是	
	数据库连接池初始化错误	4003	是	是
	数据库连接池初始化错误	4004	是	是
	SQL 执行失败	4005	是	是
配置文件异常	配置文件不存在	5001	是	是
	配置文件读取异常	5002	是	是
	配置文件写异常	5003	是	是
客户端异常	参数格式不正确	7001	是	是

表 5.13　系统错误一览表

错误类别	错误名称	错误输出信息	含义	处理方法
1001	登录异常	用户登录出现异常	用户登录异常	发出告警信息
1002	权限配置异常	权限配置出现异常	权限配置发生异常	发出告警信息
1003	设备管理异常	设备管理出现异常	设备管理出现异常	发出告警信息
2001	文件名匹配异常	文件名不匹配异常	文件名不匹配异常	发出告警信息
2002	文件解析异常	文件解析出现异常	文件解析出现异常	发出告警信息
2003	文件不存在	文件不存在出现异常	文件不存在出现异常	发出告警信息

错误类别	错误名称	错误输出信息	含义	处理方法
2004	文件读取异常	文件读取异常	文件读取异常	发出告警信息
3001	算法输入异常	算法输入参数异常	算法输入参数异常	发出告警信息
3002	算法计算异常	算法计算出现异常	算法计算出现异常	发出告警信息
3003	算法输出异常	算法输出结果异常	算法输出结果异常	发出告警信息
4001	数据库连接错误	数据库连接出现异常	数据库连接出现异常	发出告警信息
4002	数据库连接数错误	数据库连接数出现异常	数据库连接数出现异常	发出告警信息
4003	数据库连接池初始化错误	数据库连接池初始化异常	数据库连接池初始化异常	发出告警信息
4004	SQL 执行失败	数据库 SQL 执行出现异常	数据库 SQL 执行	发出告警信息
5001	配置文件不存在	配置文件不存在出现异常	配置文件不存在出现异常	发出告警信息
5002	配置文件读取异常	配置文件读取出现异常	配置文件读取出现异常	发出告警信息
5003	配置文件写异常	配置文件写出现异常	配置文件写出现异常	发出告警信息
6001	自动运行初始化异常	自动运行初始化出现异常	自动运行初始化出现异常	发出告警信息
6002	克隆表达式解析异常	克隆表达式解析出现异常	克隆表达式解析出现异常	发出告警信息
6003	自动运行参数解析异常	自动运行参数解析出现异常	自动运行参数解析出现异常	发出告警信息

5.6 系统维护设计

本节从系统设计的层面对系统的可维护性做简要的描述。系统的维护性设计分布在整个系统的设计过程中。通过对系统软件可维护性的细分，系统的可维护性设计主要体现在以下几个方面：

5.6.1 合理划分的配置项

在配置项的划分上，我们通过对整个系统结构进行层面划分，对功能进行模块划分，使得每一个模块完成某一个功能，这样不仅便于系统的开发，也便于系统维护人员的理解。

5.6.2 业务流程可配置

系统中的业务流程可以通过配置文件进行配置，包括业务流程的增加、删除、修改，维护人员可以方便地按照业务人员的需求，进行业务流程的改进。

5.6.3 算法扩展维护性

业务过程中使用的各种算法使用动态库进行封装（linux 下使用 so、Windows 下使用 dll），算法实体可以随着科研工作和业务水平的提高进行替换和增加，也可以将新的算法加入系统中验证算法的有效性，使得业务和科研同步进行，相互提高。

5.6.4 系统监测

山东省大气环境质量预报预警系统在系统设计中，不但要定义良好的测试接口以便于系统的测试维护，而且还设计通过监测功能模块和业务流程对系统进行监控。监测的信息可以考虑采用增强的日志机制来更好地满足系统的维护设计，比如我们可以将 Log 信息分成 3 个级别，debug 级别的记录所有数据和逻辑变化信息，info 级别的记录重要的数据和逻辑处理信息，error 级别的记录出错信息，控制系统输出哪个级别的 Log 信息可以由一个配置文件中的一个开关变量来实现，这样，系统通过提供不同级别的信息，可以适应不同的维护目的的需要。此外，我们还可以将日志机制按策略模式进行设计，扩展 Log 的记录方式，可以简单地显示到客户端，也可以写到本地的 Log 文件或者存入数据库中，这样就便于系统的维护。

5.6.5 系统设计中考虑代码和数据的分类

采用数据获取公用类为业务处理类和数据源的中介，数据获取公用类负责从不同类型的数据文件或是数据库中读取数据供业务处理类使用,以实现代码逻辑与数据的分离,这样不仅可以减少不必要的代码,同时也提高了系统的可修改性。

5.6.6 完善的系统管理模块

系统配置模块的实现也体现了系统可维护性的设计,系统系统配置包括对系统的常规配置、界面菜单设置、用户管理、自动运行配置、文件路径配置、地面站管理等功能。

6 结论与展望

6.1 结 论

本研究利用克里金插值和地统计分析方法,在 ArcGIS 软件的支持下,实现了山东省 2016～2017 年大气污染物(SO_2、NO_2、PM_{10}、$PM_{2.5}$、CO、O_3)不同季节、月份、日期乃至时段空间分布的可视化表达,并分析揭示了其时空变化特征。以大气质量监测数据和气象观测数据为基础,分别利用多元线性回归方法和 BP 神经网络方法构建了山东省大气环境质量预报模型,主要得到了以下结论。

① 与 2016 年相比,山东省各污染物浓度和 AQI(除 O_3 以外)在 2017 年均有一定程度的降低,整体空气质量有所好转。除 O_3 外(O_3 浓度为夏季高、冬季低),其他各污染物浓度呈现冬季(12 月和 1 月)高、夏季(7 月和 8 月)低的特点。具体到一天内的变化,各污染物夜间呈现较平稳的状态,白天

出现一定程度的波动。O_3浓度自早上开始升高,直到傍晚出现峰值后回落;其余污染物浓度均在早上开始升高,中午达峰值后下降,到傍晚后又开始上升。

② 空间上来看,山东省各污染物浓度和 AQI 数值基本呈现出由东向西逐渐升高的特点,以威海、烟台、青岛以及日照部分区域的东部沿海地区为低值区,以淄博、济南为中心的区域为 SO_2、NO_2、CO 年均浓度的高值区,泰安市为中心的鲁中地区为 O_3 的高值区。$PM_{2.5}$、PM_{10} 以及 AQI 的空间分布特点非常相似,这也印证了可吸入颗粒物为山东省大气环境中的首要污染物这一现实情况,以德州、聊城为代表的鲁西地区为三者的高值区域。

③ PM_{10}、SO_2、CO、NO_2 这 4 种大气污染物与 $PM_{2.5}$ 之间均具有一定的正相关关系,而 O_3 与 $PM_{2.5}$ 之间则存在一定的负相关关系。

④ 在山东省 17 个城市环境空气质量监测指标和气象因子的相关性分析的基础上,使用空气质量监测数据和同步的气象观测数据,通过线性回归和神经网络方法建立了统计预报模型,构建了山东省环境空气质量动力统计预报系统,为合理调整污染源布局、切实做好大气污染防治提供了科学依据和决策支持。

6.2 展　望

历史数据长度有限、环境监测站和气象地面观测站点不统一、环境监测站点集中于城区、数值天气预报开展时间晚导致建模和预报使用气象数据不一致，以及模拟方法较单一等方面的影响，本研究还需要从以下几方面进一步改进：

① 随着技术的发展，遥感、土地利用回归模型等方法被引入大气污染物空间分布的模拟中来。本研究利用了克里金插值来进行污染物浓度的可视化表达，还需将更多的方法运用到空间分布的模拟中以提高模拟的精度。

② 同一污染物在不同天气形势下对应不同的相关性好的气象因子，可以考虑按天气类型分类分别建立统计预报模型。同时还应对影响空气质量的直接及间接气象要素进行研究，深入分析空气质量变化中物理化学区域特征及其与气象要素尤其是大气边界层要素的关联，增强统计因子的大气物理化学机理认识，更全面地考虑空气质量统计预报因子及其特征。

③ 目前统计预报方法选取预报因子，没有考虑预报因子之间的相关性，挑选出的预报因子由于非正交，使计算结果不稳定，给预报带来一定误差。

统计预报模型可结合自然正交分解方法选取少数几个正交的预报因子,即可获得要素场空间和时间基本特征信息,改善预报模型。

④ 在预报数据不断积累的基础之上,分析线性回归和神经网络模型的预报特征,使用动态加权技术对二者预报结果进行融合,提供更加准确的统计预报结果。

参考文献

[1] 中国环境监测总站. 环境空气质量预报预警方法技术指南 [M]. 北京：中国环境出版社，2014.

[2] 孙峰. 北京市空气质量动态统计预报系统 [J]. 环境科学研究，2004，17（1）：70-73.

[3] 王建鹏，卢西顺，林杨，等. 西安城市空气质量预报统计方法及业务化应用 [J]. 陕西气象，2001（6）：5-7.

[4] 魏璐，朱伟军，陈海山. 郑州市空气质量统计预报方法探讨 [J]. 大气科学学报，2009，32（2）：314-320.

[5] 刘闽，王帅，林宏，等. 沈阳市冬季环境空气质量统计预报模型建立及应用 [J]. 中国环境监测，2014（4）：10-15.

[6] 赵碧云，朱发庆. 大气污染扩散空间信息系统 [J]. 环境科学研究，1999，12（6）：10-12.

[7] 刘妍月，李军成. 大气中$PM_{2.5}$浓度的空间表征

方法研究［J］. 环境影响评价, 2015, 37（6）: 84-88.

[8] 孟健, 马小明. Kriging 空间分析法及其在城市大气污染中的应用［J］. 数学的实践与认识, 2002, 32（2）: 309-312.

[9] 安兴琴, 马安青, 王惠林. 基于 GIS 的兰州市大气污染空间分析［J］. 干旱区地理（汉文版）, 2006, 29（4）: 576-581.

[10] 赵文慧. 北京市可吸入颗粒物污染的空间分布特征与影响机理［D］. 北京: 首都师范大学, 2008.

[11] 陈莉, 白志鹏, 苏笛, 等. 利用 LUR 模型模拟天津市大气污染物浓度的空间分布［J］. 中国环境科学, 2009, 29（7）: 685-691.

[12] 赵文慧, 宫辉力, 赵文吉, 等. 基于地统计学的北京市可吸入颗粒物时空变异性及气象因素分析［J］. 环境科学学报, 2010, 30（11）: 2154-2163.

[13] 孟小峰. 重庆主城区空气质量时空分布及其影响因素研究［D］. 重庆: 西南大学, 2011.

[14] 岳辉. 武汉市大气 PM_{10} 浓度空间分布特征及其影响因素研究［D］. 武汉: 华中农业大学, 2012.

[15] 王敏,邹滨,郭宇,等. 基于 BP 人工神经网络的城市 $PM_{2.5}$ 浓度空间预测 [J]. 环境污染与防治,2013,35(9):63-66.

[16] 吴婷,蒋敏,周雯,等. 重庆市建成区环境空气中 NO_2 浓度空间分析 [J]. 重庆环境科学,2013,35(1):21-24.

[17] 刘杰,杨鹏,吕文生. 北京大气颗粒物污染特征及空间分布插值分析 [J]. 工程科学学报,2014(9).

[18] 赵晨曦,王云琦,王玉杰,等. 北京地区冬春 $PM_{2.5}$ 和 PM_{10} 污染水平时空分布及其与气象条件的关系 [J]. 环境科学,2014,35(2):418-427.

[19] 赵克明,李霞,卢新玉,等. 峡口城市乌鲁木齐冬季大气污染的时空分布特征 [J]. 干旱区地理(汉文版),2014,37(6):1108-1118.

[20] 刘杰. 北京大气污染物时空变化规律及评价预测模型研究 [D]. 北京:北京科技大学,2015.

[21] 李展,杨会改,蒋燕,等. 北京市大气污染物浓度空间分布与优化布点研究 [J]. 中国环境监测,2015,31(1).

[22] 王晓夏. 基于 GIS 和 RS 的兰州大气 NO_2 浓度

空间分布特征的研究 [D]. 兰州：兰州大学，2008.

[23] 焦利民，许刚，赵素丽，等. 基于 LUR 的武汉市 $PM_{2.5}$ 浓度空间分布模拟 [J]. 武汉大学学报信息科学版，2015，40（8）：1088-1094.

[24] 焦利民，许刚，赵素丽，等. 武汉 $PM_{2.5}$ 时空特征分析 [J]. 环境科学与技术，2015（9）：70-74.

[25] 吴健生，廖星，彭建，黄秀兰. 重庆市 $PM_{2.5}$ 浓度空间分异模拟及影响因子 [J]. 环境科学，2015（3）：759-76.

[26] 汉瑞英. 浙江省近地表 $PM_{2.5}$ 质量浓度模型模拟 [D]. 浙江农林大学，2016.

[27] 李杨. 2000-2007 年中国重点城市 PM_{10} 的时空变化特征 [J]. 干旱区资源与环境，2009，23（9）：51-54.

[28] 胥芸博，梅自良，吴婷，等. "成绵乐"城市群大气污染物浓度空间分布特征 [J]. 中国环境监测，2013，29（4）.

[29] 刘永伟，闫庆武，黄杰，等. 基于 GIS 的中国 API 指数时空分布规律研究 [J]. 生态环境学报，2013（8）：1386-1394.

[30] 徐伟嘉，钟流举，何芳芳，等. 基于变异函数的

大气污染物空间分布特征分析 [J]. 环境科学与技术, 2014（12）: 73-77.

[31] 杨慧茹, 岳畅, 王东麟, 等. 胶东半岛城市空气质量及其与气象要素的关系 [J]. 环境科学与技术, 2014（S1）: 62-66.

[32] 潘竟虎, 张文, 李俊峰, 等. 中国大范围雾霾期间主要城市空气污染物分布特征 [J]. 生态学杂志, 2014, 33（12）: 3423-3431.

[33] 张殷俊, 陈曦, 谢高地, 等. 中国细颗粒物（$PM_{2.5}$）污染状况和空间分布 [J]. 资源科学, 2015, 37（7）: 1339-1346.

[34] 汉瑞英, 陈健, 王彬, 等. 利用 LUR 模型模拟浙江省 $PM_{2.5}$ 质量浓度空间分布 [J]. 科技通报, 2016, 32（8）: 215-220.

[35] 许刚, 焦利民, 肖丰涛, 等. 土地利用回归模型模拟京津冀 $PM_{2.5}$ 浓度空间分布 [J]. 干旱区资源与环境, 2016, 30（10）: 116-120.

[36] 刘华军, 杜广杰. 中国城市大气污染的空间格局与分布动态演进——基于 161 个城市 AQI 及 6 种分项污染物的实证 [J]. 经济地理, 2016（10）: 33-38.

[37] Vadivelu V M, Yuan Z, Fux C, et al. The inhibitory effects of free nitrous acid on the energy

generation and growth processes of an enriched nitrobacter culture[J]. Environmental Science & Technology, 2006, 40 (14): 4442-4448.

[38] Glass C, Silverstein J A, Oh J. Inhibition of Denitrification in Activated Sludge by Nitrite[J]. Water Environment Research, 1997, 69 (6): 1086-1093.

[39] 桑建国, 温市耕. 大气扩散的数值计算 [M]. 北京:气象出版社, 1992.

[40] 耿安朝. 地理信息系统在环境科学领域的开发与应用 [J]. 苏州科技学院学报(工程技术版), 2000, 13 (1): 17-21.

[41] 赵萍, 胡友彪, 桂和荣. 基于 GIS 技术的城市大气环境质量评价——以淮南市为例 [J]. 环境科学与技术, 2002, 25 (4): 21-23.

[42] 张宏. 地理信息系统算法基础 [M]. 北京:科学出版社, 2006.

[43] 孙洪泉. 地质统计学及其应用 [M]. 徐州:中国矿业大学出版社, 1990.

[44] 侯景儒. 地质统计学的理论与方法 [M]. 北京:地质出版社, 1990.

[45] 王玉璟. 空间插值算法的研究及其在空气质量监测中的应用 [D]. 开封:河南大学, 2010.

[46] Ordieres J B, Vergara E P, Capuz R S, et al. Neural network prediction model for fine particulate matter (PM$_{2.5}$) on the US-Mexico border in El Paso (Texas) and Ciudad Juárez (Chihuahua) [J]. Environmental Modelling & Software, 2005, 20 (5): 547-559.

[47] Pérez P, Trier A, Reyes J. Prediction of PM$_{2.5}$, concentrations several hours in advance using neural networks in Santiago, Chile[J]. Atmospheric Environment, 2000, 34 (8): 1189-1196.

[48] Grivas G, Chaloulakou A. Artificial neural network models for prediction of PM$_{10}$ hourly concentrations, in the Greater Area of Athens, Greece[J]. Atmospheric Environment, 2006, 40 (7): 1216-1229.

[49] Jiang D, Zhang Y, Hu X, et al. Progress in developing an ANN model for air pollution index forecast[J]. Atmospheric Environment, 2004, 38 (40): 7055-7064.

[50] Sanghyun S, Seacheon O, Byungwan J, et al. Prediction of ozone formation based on neural network[J]. Journal of Environmental Engineering, 2000, 126 (8): 688-696.

[51] Heo J S，Kim D S. A new method of ozone forecasting using fuzzy expert and neural network systems[J]. Science of the Total Environment，2004,325（1-3）:221.

[52] 王俭，胡筱敏，郑龙熙，等. 基于 BP 模型的大气污染预报方法的研究[J]. 环境科学研究，2002,15（5）:62-64.

[53] 金龙，陈宁，林振山. 基于人工神经网络的集成预报方法研究和比较[J]. 气象学报，1999,57（2）:198-207.

[54] 金龙，况雪源，黄海洪，等. 人工神经网络预报模型的过拟合研究[J]. 气象学报，2004,62（1）:62-70.

[55] 李祚泳，邓新民. 环境污染预测的人工神经网络模型[J]. 成都信息工程学院学报，1997（4）:279-283.